换热器流噪声多场协同分析及应用

曹一平 著

中国石化出版社
·北京·

内容提要

研究换热器管道内流噪声传播过程及管束绕流气动噪声，对掌握换热器内的噪声特性、降低换热器自身噪声及避免发生声共振有着重要的作用。本书对换热器管道噪声传递及换热器管束绕流噪声机理进行了理论、模拟和实验研究，提出了声能传递过程的流场–声场协同分析方法，对流场–声场协同性进行了分析，揭示了管道内噪声传递及管束绕流噪声的产生机理。

本书可作为能源、动力、化工、石油、制冷等相关领域研究人员的参考资料。

图书在版编目(CIP)数据

换热器流噪声多场协同分析及应用／曹一平著．
北京：中国石化出版社，2024.9. --ISBN 978 - 7 - 5114 -
7660 - 9

Ⅰ.O427.5

中国国家版本馆 CIP 数据核字第 20244JP905 号

中国石化出版社出版发行
地址:北京市东城区安定门外大街 58 号
邮编:100011　电话:(010)57512500
发行部电话:(010)57512575
http://www.sinopec-press.com
E-mail:press@sinopec.com
北京中石油彩色印刷有限责任公司印刷
全国各地新华书店经销

*

710 毫米×1000 毫米 16 开本 9.75 印张 154 千字
2024 年 9 月第 1 版　2024 年 9 月第 1 次印刷
定价:60.00 元

前　　言

换热器在现代工业中发挥着重要的作用，特别是管壳式换热器，在化工、核电及工业余热回收利用等领域都有广泛的应用。研究换热器管道内流噪声传播过程及管束绕流气动噪声，对掌握换热器内的噪声特性、降低换热器自身噪声及避免发生声共振有着重要的作用。目前，对管道降噪的研究主要是从声传播的角度出发，主要关注流动介质的阻抗匹配特性和声能在传播介质中的耗散过程，较少涉及流场与声场的协同作用；场协同理论虽然在对流传热领域得到了广泛的应用，而且在其他领域也证实了其普适性，但流场和声场之间的协同关系在传统的消声措施中并没有引起足够的重视；虽然螺旋折流板管壳式换热器在强化传热过程和降低压降方面具有明显的优势，但是它的噪声辐射水平和振动问题还不太清晰；有关螺旋折流板管壳式换热器的公开文献多集中在强化传热和降低压降方面，较少涉及流动噪声的产生和传播过程。

本书对管道噪声传递及换热器管束绕流噪声机理进行了理论、模拟和实验研究，提出了声能传递过程的流场-声场协同分析方法，对流场-声场协同性进行了分析，揭示了管道内噪声传递及管束绕流噪声的产生机理。本书共分8章：第1章为绪论，总结和回顾了管壳式换热器、场协同理论以及管道流噪声的研究进展，分析了现有研究的不足之处，提出了本书的研究目的和思路；第2章从声场的动量方程和能量方程出发，研究了流场和压力梯度场的协同关系，提出了声能传递过程的流场-声场协同方法；第3章采用数值模拟的方法，研究了噪声在管道内的传递过程，通过分析不同流速、不同进口、不同插入距离下的管道噪声传递损失与流场-声场协同角的关系来验证流场-声场协同原理；第4章为了进一步揭示管内噪声传递机理，对扩张腔管道中的噪声传播过程进行了实验测量，分析了不同插入长度和压降对噪声传递的影响，进一步为流场-声场协同理论提供数据支撑；第 5 章根据连续螺旋折流板管壳式换热器壳侧流体流动的特点，抽象出矩形截面连续螺旋通道内单管和管束绕流作为流动噪声研究的模型，研究了螺旋角和压降等因素，对螺旋通道及恒定截面通道内的气动噪声和阻力性能进行了分析；第 6 章采用周期模型来对比分析连续螺旋折流板和弓形折流板管壳式换热器的壳侧流体流动、换热和气动噪声，分析了不同形式的折流板对管束绕流噪声的影响，为连续螺旋折流板管壳式换热器的减振降噪提供依据；第 7 章采用整体模型来研究连续螺旋折流板管壳式换热器的流噪声、换热和压损，分析了不同形式的折流板对换热器综合性能的影响，同时提出了单腔体和双腔体壳侧结构，并根据计算结果确定了换热器进出口压降和出口声压的关系；第 8 章对全书进行总结并列出了本文的研究结论、创新点及后续工作建议。

本书获"西安石油大学优秀学术著作出版基金"资助，在此深表感谢。

由于作者水平有限，书中的错误和不妥之处在所难免，恳请广大读者批评指正。

目　　录

主要符号表

A	中心线附近流通截面积/m^2
A_{in}	进口截面积/m^2
A_{out}	出口截面积/m^2
A_o	换热器换热面积/m^2
c	声速/$m \cdot s^{-1}$
c_0	稳态下的声速/$m \cdot s^{-1}$
c_p	定压比热容/$J \cdot kg^{-1} \cdot K^{-1}$
$c_{p,s}$	比热容/$J \cdot kg^{-1} \cdot K^{-1}$
C_s	Smagorinsky 常数
d	近壁面距离/m
d_o	换热管外直径/m
D	计算区域/m^2
D_i	壳体内直径/m
D_s	布管限定圆直径/m
D_m	中心管外直径/m
D_e	扩张腔直径/m
E	能量/J
ΔE	声能/J
ΔE_k	动能/J
ΔE_p	势能/J
F_{max}	最大计算频率/Hz
f	阻力因子频率/Hz
f'	外部作用于流体的力/$N \cdot m^{-3}$
G	滤波函数
h	对流换热系数/$W \cdot m^{-2} \cdot K^{-1}$
h_s	壳侧对流换热系数/$W \cdot m^{-2} \cdot K^{-1}$
H_b	螺距/m

j	传热因子
k	传热系数/$W \cdot m^{-2} \cdot K^{-1}$
L	长度/m
L_e	扩张腔长度/mm
L_p	声压级/dB
L_{in}	入口段长度/mm
L_{inlet}	入口插入段距离/mm
L_{out}	出口段长度/mm
L_{outlet}	出口插入段距离/mm
L_s	混合长度/m
l_{tc}	换热管有效长度/m
L_t	折流板厚度/m
M_s	壳侧质量流量/$kg \cdot s^{-1}$
m	空气质量流量/kg/s
$\boldsymbol{n}_i$	固壁面的单位法向矢量
Nu	努塞尔数
N_t	换热管根数
Nu_s	壳侧流体努塞尔数
p	压强/Pa
p'	声压/Pa
p_i	入射波声压/Pa
p_r	反射波声压/Pa
p_t	透射波声压/Pa
p_0	参考声压/Pa
Δp	压降/Pa
Δp_m	单位长度压降/$Pa \cdot m^{-1}$
Δp_s	壳侧进出口差压/Pa
∇p	压力梯度/$Pa \cdot m^{-1}$
p_t	管束交错排列时的管间距/m
Pr	普朗特数
q	热流密度/$W \cdot m^{-2}$；质量源/$kg \cdot m^{-3} \cdot s^{-1}$
Q	体积流量/$m^3 \cdot s^{-1}$
$q_{v,s}$	壳侧体积流量/$m^3 \cdot s^{-1}$
R	径向距离/m
Re	雷诺数

Re_s	壳侧雷诺数
ΔR	绝对不确定度
S_1	直管截面积/m^2；换热管水平间距/m
S_2	扩张腔截面积/m^2；换热管垂直间距/m
S_b	弓形折流板间距/m
$\overline{S}_{ij}$	雷诺尺寸应变张量/s^{-1}
t	时间/s
T	开氏温度/K
TL	传递损失/dB
T_{wall}	管束壁面温度/K
$T_{s,in}$	壳侧进口温度/K
$T_{s,out}$	壳侧出口温度/K
T_{ij}	莱特希尔应力张量/$kg \cdot m^{-1} \cdot s^{-2}$
Δt_m	对数平均温差/K
Δt_{max}	最大温差/K
Δt_{min}	最小温差/K
U	通过计算单元的流速/$m \cdot s^{-1}$
u_{max}	最大流速/$m \cdot s^{-1}$
u,v	流体速度/$m \cdot s^{-1}$
$\overline{u}$	滤波后的流体速度/$m \cdot s^{-1}$
V	体积/m^3
V_0	体积元或微元体初始体积/m^3
W	声功率/W
x	x方向坐标
y	y方向坐标；与声源关联的坐标
$\boldsymbol{x}$	与观测者关联的坐标；滤波后的向量
$\boldsymbol{x}'$	滤波前的向量
z	z方向坐标

希腊字母

β	螺旋角/(°)
γ	比热容之比/$J \cdot kg^{-1}$
δ_{ij}	克罗内克函数（如果$i=j$，为1；如果$i \neq j$，为0）
δ_t	时间步长/s
δ_x	单元尺寸/m
Δ	局部网格尺寸/m

θ	协同角/(°)
κ	卡门常数
λ	折流板导热系数/W·m^{-1}·K^{-1}
λ_s	壳侧流体导热系数/W·m^{-1}·K^{-1}
μ	动力黏度/Pa·s
ν_s	壳侧流体运动黏度/m^2·s^{-1}
ν_{sgs}	亚格子尺度动力黏度/m^2·s^{-1}
ρ_s	壳侧流体密度/kg·m^{-3}
ρ'	密度扰动/kg·m^{-3}
τ_{ij}	亚格子尺度雷诺应力/m^2·s^{-2}
Φ_s	壳侧流体换热量/W

下标

in	进口
inlet	进口插入段
m	平均
mid	中间
out	出口
outlet	出口插入段
s	壳侧

英文缩写

BEM	边界元法
CFD	计算流体力学
CFL	库朗数
CHB	连续螺旋折流板
FEM	有限元法
LES	大涡模拟
SB	弓形折流板
STHX	管壳式换热器
STHX-CHB	连续螺旋折流板换热器
STHX-SB	弓形折流板换热器

1　绪　论

1.1　研究背景及意义

我国工业化起步较晚,从一开始便面临着能源短缺的问题,由于 20 世纪 90 年代的第四次国际制造业转移,大量高能耗、高污染、资源密集型和劳动密集型产业进入我国,使我国的能源消耗和环境保护之间的矛盾更加尖锐。近年,随着我国城市化建设的深入推进,城市人口密度不断加大,现代工业及建筑业发展迅猛,环境噪声污染越来越严重,其防治压力也不断加大;而且人们在享受现代科技和经济发展所带来的便利的同时,也开始追求更好的生活环境,想要在一个更加安静舒适的环境中工作和生活,但是由于各种机器功率的不断增加,噪声污染更加普遍和严重。

事实上,随着现代工业的快速发展,工业噪声污染已成为一个非常大的问题。噪声作为环境问题,广泛存在于内燃机、燃气轮机、鼓风机、真空泵、压缩机、换热器等设备中,如图 1-1 所示。

(a)换热器　　　　　　　(b)燃气轮机　　　　　　　(c)压缩机

图 1-1　产生噪声的主要设备

一般来讲可以将工业噪声分为三类:机械性噪声、空气动力学噪声和电磁型噪声。机械性噪声是指由于机械设备运行时,各个部件之间的撞击、摩擦、振动等产生的噪声,比如纺织机、电锯、机床等启动时所发出的声音;空气动力学噪声主要是由于机械部件的旋转或移动,影响周边空气流动从而产生的噪声,如通风机、空气压缩机、汽车尾气、锅炉排气等产生的声音;电磁型噪声则是由电磁场的交替变化而引起的。工业噪声的存在相当广泛,并且声压级(A)大多在90dB以上,如果长期处在噪声污染严重的环境里,会非常影响工作人员的生理和心理健康,导致听力下降,严重时更会造成永久性听力衰减。

根据生态环境部2020年发布的《中国环境噪声污染防治报告》,全年有关噪声污染的举报总共有202378件,占全部环境污染举报量的38.1%,居各种污染要素第2位。从图1-2中2019年有关环境噪声投诉比例情况来看,其中建筑施工噪声投诉为91980件,占比45.4%;工业噪声投诉53535件,占比26.5%,社会生活噪声投诉48605件,占比24.0%;交通噪声投诉8258件,占比4.1%。可以看出,工业噪声投诉在所有噪声问题投诉中占有的比例非常大,这也说明工业噪声在当今社会中是一个无法被忽视的污染元素。

根据生态环境部发布的自2013~2019年的噪声污染举报投诉统计结果,统计汇总了有关工业噪声举报量,如图1-3所示。可以看出,近7年来有关工业噪声举报量一直居高不下,由此可以看出我国噪声污染问题的日益严重以及对噪声污染进行防治的迫切要求。

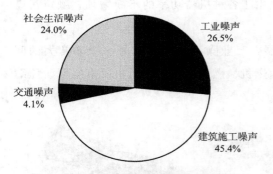

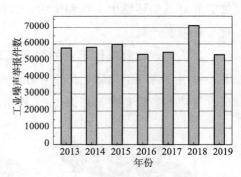

图1-2 2019年四类环境噪声投诉比例   图1-3 2013~2019年工业噪声每年举报量

而在传统的工业设计理念里,噪声问题往往在设计之初是被忽视的,等到后期开发完成才发现噪声过大,此时再进行修补和后期维护经常需要耗费较高的代价,不仅会延长产品周期,也会增加经济成本。因此,为了满足日益严格的噪声排放规定,并且将低噪声作为一种竞争优势,必须在设计之初就考虑噪声问题。

换热器在现代工业中发挥着重要的作用,特别是管壳式换热器,它在化工、核电、工业余热回收利用等领域都有广泛的应用。据有关报道,管壳式换热器占全球换热器市场总份额的35%~40%,在石化行业中甚至可以占70%以上。而在舰船等对于隐蔽性要求较高的应用领域，考虑换热器噪声辐射是重要的噪声源，也是制约设备隐身性的关键因素，因此，研究管壳式换热器的流动传热机理，分析换热器内噪声的产生和传递机理，提高管壳式换热器的综合性能，不仅有助于提高设备隐蔽性，同时也能在减少环境噪声污染方面做出贡献。由换热器产生的噪声主要分为两个部分，分别为管束振动时产生的结构噪声，以及管内外流体产生的流噪声。因此，研究管道内流噪声及管束绕流噪声，对掌握换热器内的噪声特性、降低换热器自身噪声、避免发生声共振有着重要的作用。

1.2 管壳式换热器研究现状

1.2.1 强化换热、降低阻力及多目标优化研究进展

近年来，学者们对管壳式换热器进行了大量的研究，换热器内强化传热和减小阻力一直是许多学者关注的问题。Dizaji 等通过实验研究了外管/壳波纹对管壳式换热器换热率、无量纲能量损失和换热单元数的影响，采用波纹壳体和波纹管代替光滑壳体和光滑管，其壳体/管内的流线分布如图 1-4 所示。结果表明：波纹壳体/管会使烟损失增加 $17\%\sim81\%$，换热单元数增加 $34\%\sim60\%$。

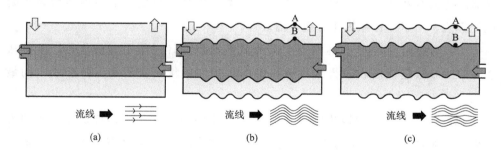

图 1-4 光滑壳体/管、波纹壳体/管内的流线分布

Sun 等优化了一种带增压器的增强型引射换热器，改善了其热力学特性，结果表明：当增压器位于换热器出口与制冷剂进口之间的管道时，不仅能降低增压压力和功率，还能提高产品的烟效率。Liu 等研究了一种新型海水-水源热泵（SWHP），将聚丙烯制成的毛细管浸入海水中作为前端换热器，建立了以毛细管作为源侧换热器的 SWHP 实验平台。结果表明：毛细管换热器的能使效率提高了 96.4%，并且考虑毛细管良好的传热性能和较低的成本投资，认为其在

SWHP 的应用中具有广阔的前景。

Biçer 等设计了一种新型三区折流板换热器，与传统的折流板相比，壳程压力损失能降低 49%，壳程温差能增加 7%，可以从换热率和压力损失两方面改善管壳式换热器的性能。Abbasi 等对管壳式换热器的多孔弓形折流板进行了结构优化，分析了折流板数量、折流板角度和折流板厚度三种几何参数对壳侧流动换热的影响，以降低压降和增加换热为目的进行了多目标优化。

Navickaitė等将一种双波纹管应用于管壳式换热器，它可以在相对较低的压降条件下增强换热。Muñoz-Cámara 等在纯流动和振荡流动条件下，对带三孔折流板的光滑管的等温压降和对流换热系数进行了实验测量。Alimoradi 等采用数值模拟的方法研究了螺旋管外环形翅片对管壳式换热器的换热强化，结果表明：当 $500 \leqslant Re \leqslant 30000$ 时，换热率可提高 44.11%。

Wang 等采用实验和数值模拟的方法，研究了螺旋管换热器的壳侧流动换热特性，以最优性能评价准则和最大场协同数为目标进行了多目标优化，得到了不同流动条件下努塞尔数和摩擦系数的拟合关系式。

Segundo 等对管壳式换热器进行了经济优化设计，提出了一种 Tsallis 微分优化设计，通过调整壳体内径、管子外径和折流板间距，可使年总成本降低 26.99%。他们根据猎鹰的捕猎行为，提出了一种猎鹰优化算法，能使管壳式换热器的总成本降低 28%。他们还依据猫头鹰的诱饵行为提出了一种新型猫头鹰优化算法，用于多目标优化的换热器设计。

Rao 等使用 elitist-jaya 算法对管壳式换热器设计进行了经济优化，该算法能在较少步数迭代后收敛得到目标函数的最优解，从而实现年运行总成本的最小化。

Oravec 等针对工业换热网络中的管壳式换热器，设计了具有积分作用的鲁棒模型，对性能参数进行了优化。结果表明：该模型可以实现有效的能源密集过程控制，而且能够保证控制过程的最优性能、最小能耗和经济性运行。

1.2.2 换热器噪声研究进展

除了换热器的流动阻力和传热特性外，换热器的声学特性和振动问题也受到一些学者的关注。换热器中的振动可能引起管损伤、管泄漏、隔板损伤、管碰撞损伤、管疲劳、管蠕变等。振动会引发结构噪声，为了控制噪声，抑制结构振动是非常重要的。

原则上流体诱发振动的产生机制可分为四类，分别为声共振、旋涡脱落、流体弹性不稳定性以及湍流抖振。Pettigrew 等针对管壳式换热器振动进行了综述分析，主要内容包括流体流动、阻尼、流体弹性不稳定性、振动响应、磨损以及相关设计准则，并且认为最严重的振动问题是流体弹性不稳定导致的。

聂清德等研究了换热器中的噪声和预防，提出了密排管束中声共振的判断准则，他们认为降低噪声最简便的方法是以减少生产能力为代价降低流速使其小于临界速度，而比较合理且有效的方法是沿平行于管束的轴线方向安装消声隔板。

Halle 等研究了双弓形折流板管壳式换热器内的流致振动，将单弓形折流板替换为双弓形折流板后，使气流以较低的流速在壳体内分流，从而在保证既定压降的基础上减小换热管的无支撑跨距，并且相比于传统弓形折流板换热器可以在不发生破坏性流动诱导振动的情况下获得更大的流速。

Yakut 等研究了换热器中锥形环对流体诱导振动和换热特性的影响，结果表明：随着螺距的增大，旋涡脱落频率也在增加，而且在最小螺距时，锥形环湍流涡的振幅最大，为了避免系统发生共振损坏，锥形环的主要旋涡脱落频率与管子的固有频率不应相等。Shahab 等研究了换热器内流体横掠管束引发的振动问题，分析了管内有无流动时的振动响应，认为紊流是引起管内振动的主要激励源，并且振幅会随壳侧流速的增加而增加。

Yu 等提出了一种带有新型防振折流板的并流式管壳式换热器，可以在很大程度上降低流致振动。Yue 等开发了一种流固耦合动力学建模技术来研究管束的振动和碰撞，考虑流固耦合界面上位移、速度和力的耦合条件，建立了流体中管流激振和管间碰撞的建模算法，并求解了流体中管束振动和碰撞的动力学方程，为解决复杂非线性问题提供了可靠有效的方法。

黄政对冷凝器内的振动和声辐射进行了数值研究，采用有限元/边界元方法计算了不同激励形式以及折流板位置条件下冷凝器内的辐射声场情况。

Fitzpatrick 提出在换热器中，流致噪声的声源应该是宽带湍流、旋涡脱落以及湍流抖振；此外，他还推荐了几种驻波预测的方法。Fiorentin 等针对换热器内流体流经管束引起的振动和噪声展开了机理研究，他们利用流动特性和管束排布来确定激励效应。Putnam 等研究了板式换热器内管束阵列产生的流致噪声，他们认为换热器内噪声的产生和衰减机理非常复杂，是由多种因素引起的，包括管道内部声源、流体—噪声—结构耦合等。Ji 等研究了弹性管束的传热性能和流激振动问题。Hassan 等采用大涡模拟（LES）研究了管束内的流动特性和振动噪声，认为管束内的流动结构可以减缓由流动引起的振动和噪声问题。

Gustafsson 等提出了一种空气—流体换热器，可以同时保证良好的换热性能和相对较低的噪声级。他们还比较了三种换热器在不同流量下的噪声水平和传热性能。结果表明：当空气流速达到 2m/s 时，三种换热器的声功率级均小于 45dB(A)，如图 1-5 所示。与热泵室外机中最主要的噪声源风扇或压缩机的声功率级相比，换热器的声功率级明显较低。因此，换热器产生的噪声不会直接影响室外机的整体噪声水平。然而，间接影响却是存在且非常重要的，因为换热器内的压降和所需的空气流量决定了风机的运行工况。当换热率随气流速度的增加而增加时，风扇的声功率级也迅速增加。结果表明：扁平翅片核心型换热器具有良好的换热性能，并且测得的直接噪声级和间接噪声级均较低。

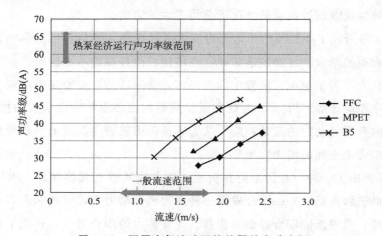

图 1-5　不同空气流速下换热器的声功率级

连华英探讨了换热器的噪声振动问题，对圆管绕流、振动噪声产生、声学共振的特性以及计算方法和消除等进行了研究。Chenoweth 等收集了许多管壳式换热器管束流致振动的实验数据，建立了 DOE/ANL/HTRI 换热器管束振动数据库，为流动诱导管束振动问题的预测提供了依据。

Blevins 等研究了换热器管束内的声共振，认为声共振与管束的周期性旋涡脱落有关，沿管束平行安装折流板可以有效抑制低模态共振，而且折流板数量与共振模态的波长有关，此时模态越高，需要的折流板数量越多；并且相比于在管排上游或下游安装折流板，在管排中部安装折流板的抑制共振效果最优。

孔伟涛对船用管壳式冷凝器内管束的流致振动以及流噪声进行了研究，结果表明：与旋涡脱落相比，紊流抖振对管内流动的影响更大。

1.2.3　螺旋折流板管壳换热器研究进展

有关螺旋折流板管壳换热器的研究大多集中在强化传热过程和减小流动阻力两方面，较少涉及管内外流噪声的产生和传递过程。Abdelkader 等基于 Bell - Delaware 方法建立了数学模型来预测螺旋折流板管壳式换热器的性能，认为螺旋折流板换热器的综合性能随着螺旋角的增大而增大，当螺旋角增至 42°时其综合性能最好，之后随着螺旋角的增大，性能开始下降。Stehlik 等比较了螺旋折流板和弓形折流板换热器的换热性能和压降特性，认为合理设计的螺旋折流板换热器在保证压损较低的条件下具备明显的换热优势。Wang 等总结了螺旋折流板管壳式换热器的发展进程，从强化传热机理、整体压降水平、折流板结构的升级以及工业应用等多方面进行了论述。Yang 等比较了连续和不连续螺旋折流板换热器的流动特性和换热性能，采用周期模型模拟了旁路挡板对壳侧流动和换热性能的影响。Maakoul 等比较了螺旋折流板、弓形折流板和三叶孔折流板管壳式换热器的壳侧流动换热特性，如图 1-6 所示，结果表明螺旋折流板换热器具有压降低、换热强的优势。

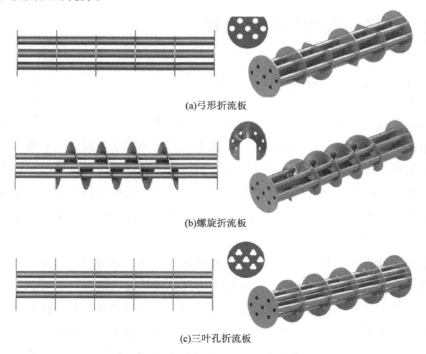

(a)弓形折流板

(b)螺旋折流板

(c)三叶孔折流板

图 1-6　不同折流板类型的管束模型

Gao 等研究了折流板螺旋角对不连续螺旋折流板管壳式换热器的流动阻力和换热特性的影响，认为在相同壳侧雷诺数条件下，螺旋角越大，流动阻力越小，换热性能越好，当螺旋角为 40°时的螺旋折流板换热器的综合性能最好。

Taher 等研究了周期边界条件下折流板间距对螺旋折流板管壳式换热器性能的影响。结果表明：在相同质量流量条件下，单位面积换热量随着折流板间距的增加而减小，但在相同压降条件下，单位面积换热量随着折流板间距的增加而增大，当折流板间距最大时换热性能最强。

Gu 等针对螺旋折流板的制造困难问题，提出了一种易于制造的小倾斜角螺旋折流板结构，该折流板可通过二维激光切割和简单的机械折叠加工来制造。Zhang 等将螺旋角分别为 20°、30°、40°和 50°的螺旋折流板换热器与弓形折流板换热器进行了实验测试和比较，结果表明：当壳侧流量相同时，螺旋折流板换热器具有略低的传热系数和较低的压降，当螺旋角为 40°时换热器性能最优。

沈锋分析了螺旋折流板换热器壳程流动特性，研究了折流板对传热与振动的影响，探讨了流体螺旋绕流单根换热管时的旋涡脱落规律，认为旋涡脱落频率分布呈先减小后增大的趋势。

1.3 场协同理论研究现状

1.3.1 场协同理论的普适性

Guo 等提出了场协同原理来强化对流传热过程，认为对流传热问题可以看作一个有热源的导热问题。也就是说，对流换热的性能除了与流体的速度、流体物性以及流体与固体壁面之间的温差相关，还与流体速度场与热流场的协同程度相关。这种热流矢量与速度矢量的协同，即速度场与温度场的协同，是场协同理论的主要思想。经过近年的发展，场协同原理已被证明在动量、热量和质量传递过程中均具有普适性。

场协同原理发展起来以后，首先在强化对流传热领域得到了广泛的关注和发展，并取得了大量的研究成果。Tao 等将协同原理从抛物形方程拓展到了椭圆形方程，认为减小速度梯度与温度梯度之间的协同角可以增强换热。他们还将场协同原理应用到单向对流传热的强化过程，通过减少热边界层、增加流体扰动以及增大固体壁面附近的速度梯度来减小速度与温度梯度的协同角，使速度与温度梯度更好地协同，如图 1-7 所示。由图可知：不同通道内有无扰流子条件下场协同角随 Re 的变化情况。

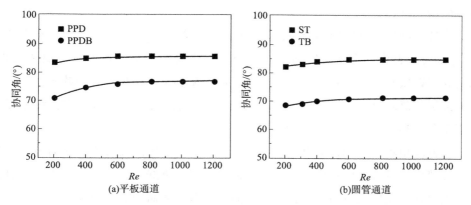

图 1-7　有无扰流子条件下场协同角随 Re 的变化

　　Cai 等采用理论推导的方式，提出了对流传热过程的场协同精确解，进一步证明了场协同原理。何雅玲等认为保证速度场、温度场和压力场的三场协同是实现高效低阻换热的有效途径。Guo 等基于经典的 Navier-Stokes 方程，从场协同原理出发，对弯曲矩形通道内的对流传热特性进行了数值研究。Zhao 等在研究多孔介质传热问题时，通过实验验证了场协同理论，认为当流体流动方向与热流方向相反时，可以显著增强传热。Liu 等分析了流体微团物理矢量之间的协同作用，揭示了层流和湍流对流换热过程的多场协同作用与强化换热的关系。

　　场协同理论也在换热器等设备的优化设计中得到了广泛应用。Guo 等将场协同原理应用于弓形折流板管壳式换热器的优化设计，以速度场和热流的协同数作为目标函数，提出了将场协同数最大化用于换热器优化设计的方法，并且证明该方法的优越性，即不仅能降低经济成本，而且能强化换热性能。

　　Mehra 等对不同平板翅片结构的共轭换热过程进行了局部场协同分析，研究了局部速度和局部温度梯度矢量对传热过程的影响。由于速度和温度梯度矢量在上游翅片附近的方向相同，当速度和温度梯度的内积模量增加时，换热性能也会提高。

　　Hamid 等基于场协同理论的优化分析方法，对圆形管和椭圆形管束绕流的流动和换热特性进行了数值模拟，采用协同角和协同数来表征速度场与温度梯度场之间的协同关系。结果表明：对于椭圆管束绕流，换热量随着流体流速的增加而增加，随场协同数的增加而增加，但随着协同角的减小而增大。

E 等利用场协同原理对新型窄管与传统热管之间的热性能进行了评价，结果表明：与传统热管相比，新型窄管闭式振荡热管在蒸汽均匀性、换热和振荡运动等方面均具有优势。

在外加磁场、电场的耦合对流换热过程中，场协同原理被证明同样具有适用性。Yang 等首先发现场协同理论并应用于外磁场作用下的热磁对流换热过程。他们利用四极磁场来诱导流体形成纵向涡，增强了速度场和温度场的协同性，从而加强了传热效果。Zonouzi 等研究了在四极磁场作用下垂直管内磁性纳米流体的流动和传热。

王群应用场协同理论对电场、流场及热场进行了协同性分析，认为电场强度能加强速度矢量与温度梯度的协同性，使其协同性更好，换热效果增强；并且电场强度也使得速度矢量与压力梯度的协同性变差，从而增加管内流阻。郭平生等研究了特定热电效应中电场与温度场的协同作用，发现在同种导电材料里，当电场与温度场协同时，可以产生最大电流。

质量传递与热量传递具有很多相似的规律，因此场协同理论发展起来后，很快由强化对流传热的研究领域拓展到强化对流传质的研究中。Jian 等研究了增强聚合物复合塑化的多场协同优化过程，见图 1-8，通过将理论分析、数值模拟和实验验证相结合的方法，分析了速度梯度与速度、温度梯度与速度、速度梯度与剪切速率以及温度梯度与剪切速率的协同作用机理。结果表明：欧拉数与协同角成反比，努塞尔数与协同角呈负线性相关，温度梯度与剪切速率和协同角成反比。

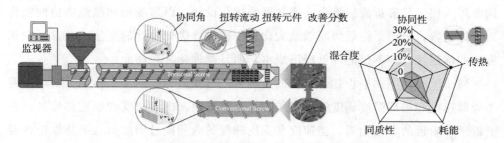

图 1-8　聚丙烯/聚苯乙烯复合材料的多场协同优化

Vinnichenko 等利用温度和蒸汽密度场的相似性研究了液体蒸发时的自然对流流动。Jiaqiang 等基于场协同原理研究了柴油机微粒燃烧过程中的流体流动和传热以及温度场的分布。结果表明：进口压力可以改变速度矢量与温度梯度之间的夹角，从而导致速度场与温度场的协同角发生变化。Minea 等分析了循环散热器中纳米流体在加热过程中的流场和温度场之间的协同作用。在紊流条件下，场协同数随纳米流体体积分数的增加而增大，随雷诺数的增加而减小。Wang 等将场协同原理推广到超临界流体对流换热过程中，认为换热率是速度和温度梯度协同关系的函数。

陶贤湖等在研究反应精馏过程中，分析了温度场、浓度场和化学势场之间的协同关系，研究了传质、传热与化学反应之间的相互影响规律。Chen 等将场协同原理推广到对流传质分析中，推导了速度场与组分浓度梯度场的协同方程，通过求解对流传质的场协同方程，找到最佳的风速分布，从而提高了场协同作用和整体净化能力。

吴良柏等推导了对流传热传质的场协同方程，指出当有质量传递时，其总传热量取决于流体速度和流体焓值梯度的协同程度。Yu 等对 CO_2 的化学捕集过程进行了场协同分析，推导了流体流动、传质、传热和化学反应的场协同方程，建立了相应的场协同数来表征 CO_2 捕集过程的动态特征，证明了多场协同理论在研究具有化学反应的复杂耦合过程中同样具有指导意义。

何雅玲等还将场协同原理的思想应用到其他能量传递的物理过程中，并指出在能量传递过程中，都存在一种广义的力和广义的流，只有当广义的力与广义的流协同一致时，才能产生最大的能量传递和转换效果。

以上研究表明，场协同原理不只可以用于指导强化对流传热过程，还可以广泛应用于指导温度场、速度场、压力场、磁场、电场、浓度场和化学势场等多场耦合的动量、能量和质量强化传递过程。

1.3.2 速度场、压力场协同研究现状

在流场中输入声波后，声能的传递过程与热量的传递过程同样具有很多相似的规律，两者均需要通过介质才能传输，而且都是由分子运动引起的，热量的传递过程是通过温度梯度建立的，而声能的传递过程是通过压力梯度进行的。因此，研究声能在流体中传递过程的场协同理论，首先需要研究流体速度场与压力场之间的协同关系。目前，速度场与压力场的协同研究主要分为两个方向：一是通过研究离心力场作用下速度场与压力场的协同来进一步强化换热；二是通过探索速度场与压力场之间的协同关系来减小流动阻力。

吉洪湖首先开展了离心力场作用下的速度场、压力场和温度场的三场协同理论研究，发现速度场-压力场的协同性，以及速度场-温度场的协同性，都会对换

热产生直接作用。傅耀等进一步分析了旋转坐标中的固体壁面做功,研究了场协同理论在三维旋转通道中的应用,壁面做功量随转速的变化如图 1-9 所示。可以看出,当该模型的旋转速度小于 600r·min^{-1} 时,旋转壁面的做功量可以忽略不计。当旋转速度达到 3000r·min^{-1} 时,旋转壁面的做功量达到壁面换热量的17%。由此可见,在旋转系统中,高转速轴向通道内压力场与速度场的协同对总换热量的影响不可忽略。He 等对旋转腔体的换热过程进行了详细的数值模拟和实验研究,结果表明:离心力对腔体内的流场和温度场分布有着明显的影响,并且壁面与流体之间的对流换热随着旋转速度的增加而增强。

Zhang 等针对不冷凝气体在水平管外的凝结换热过程,对其场协同特性进行了数值模拟,得到速度场与压力场之间的协同角。结果表明:随着主流速度的增加,速度与压力梯度场的协同角急剧减小,从而增加了压力损失。何雅玲等从降低换热器内流动阻力的角度出发,在流场和温度场协同的基础上,进一步分析了流场与压力场的协同匹配关系。结果表明:在换热强化基本相同的情况下,通过增加速度和压力梯度之间的夹角,可以改善速度场与压力场的协同性,从而减小压力损失,实现在较小的压降条件下获得较高的换热性能。换热量和压损随雷诺数的变化如图 1-10 所示。可以看出,对于两种扰流条件,它们的换热量基本相同,而采用流线型扰流件的流场与压力场协同更好,压力损失更小,说明保证温度场、速度场协同性的同时,尽量增加速度场和压力场的协同性是实现高效低阻换热的有效途径。

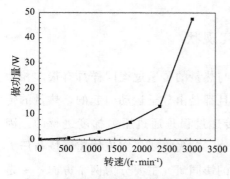

图 1-9　壁面做功量随转速的变化

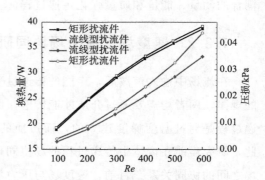

图 1-10　换热量和压损随 Re 的变化

综上所述,研究声能在流体中传递过程中的场协同关系,首先需要研究速度场与压力场之间的协同关系,而目前速度场与压力场的协同研究主要集中在如何进一步强化换热和减小流动阻力方面,因此,声能传递过程中的速度场—压力场协同理论还有待深入探索。

1.3.3 流场-声场协同关系及声能转换过程研究现状

Krömer 等研究了低压轴流式风机的声场与流场的相互作用，结果表明：轴流式风机采用的扇叶弯曲方式对声场、流场及其相互作用都有较大的影响，图 1-11 所示为三种叶片弯曲方式对应的声压云图分布。结果表明：当风机采用前弯叶片时具有最佳的气动性能和最小的声辐射。

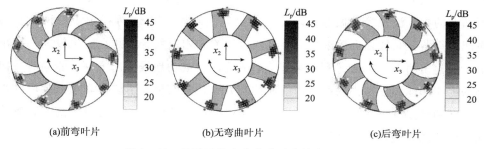

(a)前弯叶片　　　　　　　(b)无弯曲叶片　　　　　　　(c)后弯叶片

图 1-11　三种叶片弯曲方式对应的声压云图

Davis 等研究了复杂湍流流场中垂直结构与外加声场之间的相互作用。Qu 等研究了声场作用下的热泡动力学，认为声场强化了传热过程。Zhou 等研究了纳米流体在声空化场中的换热特性，并且利用声空化强化了纳米流体的换热过程。Rulik 等利用声波增强了燃气轮机热载荷元件的传热过程，通过产生声波引起的不稳定气流来改善冷却条件。

Pan 等对煤油类吸热烃燃料的热声不稳定性和传热系数进行了研究，得到了一种评价热-声耦合稳定边界的无因次判据。探讨了换热系数与振荡强度的关系，结果表明：在振荡过程中，壁面温度的周期性下降使得出口体积温度和压力同步升高，而且换热系数与振荡强度呈正相关。Cao 等提出了流场-声场协同理论分析方法，并将其应用到扩张腔管道中的噪声传递过程以及换热器内管束绕流噪声的产生过程。

增强将声能转换为其他能量的传递过程也是降低流噪声的一种有效途径。Jenvey 根据高斯定理，分析了湍流流动平均声源的声功率，研究了声场和非声场之间的能量交换过程。Roes 等回顾了许多研究人员在声能传递方面所做的工作，认为声能传递是一种相对较新的非接触能量传输形式，并且可以利用声波无线传递能量。Tasnim 等研究了可压缩非定常振荡流在多孔介质通道中的流动和能量传递过程。Eldredge 等研究了平面声波在圆柱穿孔管系统中的吸收，并分析了声能通量的传递，该系统可通过激励孔边缘处产生涡波动从而将声能转换为流动能。Akhavanbazaz 等将声能作为功输入，研究了热声制冷机内热量从冷介质传递到热介质的能量转化过程。

Dokumaci 研究了声平均能量在均匀圆管中的传递过程，分析了流体黏度和导热系数对声平均传输功率的影响。Zhang 等研究发现，流体扰动的瞬态增长会引发非线性极限声振荡。Droubi 等利用声发射能量来识别管道中的砂流，对砂粒冲击产生的声发射能量进行了系统性研究。Li 等研究了一种具有不同压电阵列结构的 1/4 波长管谐振器，以此来获得低频声能。Zhou 等提出了一种双稳态声能采集器，它能在声源激励下实现快速通流和相干共振，并且产生较大的输出电压和输出功率。Kim 等利用声能流边界元法，成功地推导出了一个能同时考虑近场声能和球面波特性的新型声能流控制方程，从而预测系统中高频范围内的声能密度和声强。该新型声能流模型不仅可以节省计算成本，还可以提高工程系统噪声分析的方便性和准确性。

综上所述，流场与声场之间的协同关系对强化传热以及声能的传递效果有着十分重要的影响。考虑场协同原理在各个领域的普适性，本文拟采用流场-声场协同分析方法对换热器管内噪声产生及传递过程进行研究。

1.4　管道噪声传播及气动噪声研究现状

1.4.1　管道内噪声传递过程研究进展

在以往的研究中，人们常常采用在管路系统中设置消声器的手段来达到控制噪声的目的。传统的消声器可分为阻性消声器和抗性消声器两大类，如图 1-12 所示。阻性消声器是在管道壁面铺设消声材料，按照声波通道的形状可分为圆筒形、片状、曲板式、蜂窝式及迷宫式等。抗性消声器则是利用声波在管道内的反射，可分为扩张型消声器和共振型消声器两大类。对于抗性消声器，扩张腔是最基本的形状之一。其主要原理是介质密度因为腔体截面的突然变化而发生变化，从而引起声阻抗的突变，使管内的部分声波向声源反射，此时入射波和反射波频率相等，方向相反，于是反射的声波抵消了一部分向前的声波，从而起到降噪的效果。

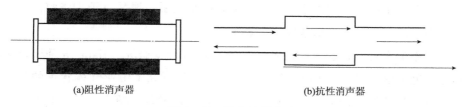

(a)阻性消声器　　　　　　　　　(b)抗性消声器

图 1-12　噪声控制方法

　　由于扩张腔理想的宽频噪声衰减特性，它被广泛应用于许多管道系统中，很多学者都为降低工业管道噪声做出大量的贡献，其中实验法、传递矩阵法、边界元法、有限元法和计算流体法被广泛应用于管道噪声的研究。

　　Selamet 等研究了固定进出口管道、固定扩张腔直径以及不同腔体长度和直径比(0.2～3.5)对扩张腔内噪声衰减性能的影响，并且研究了不同进出口插入段对扩张腔声衰减性能的影响。Bilawchuk 等比较了计算扩张腔消声器传递损失的各种数值方法，包括有限元法(FEM)、边界元法(BEM)、"传统"实验室法、四极转移矩阵法和三点法。结果表明：有限元法更适合用来计算传递损失。他们还对圆形双扩张腔消声器的声学特性进行了研究，并将分析结果与有限元法进行了比较。Denia 等采用二维轴对称分析方法研究了不同进出口圆形扩张腔消声器的声学特性，认为进出口插入段能激发 1/4 波共振，从而改善扩张腔低频段的消声特性。Sahasrabudhe 等采用矩阵缩减法和矩阵转移法分析了扩张腔消声器的声学性能。

　　Middelberg 等将各种扩张腔消声器声学性能的数值模拟结果与已发表的实验结果进行了比较，研究了不同进出口段和管内挡板对扩张腔声学性能和流动特性的影响。结果表明：计算流体力学(CFD)方法可以成功地应用于计算不同结构扩张腔消声器的平均流动和声学性能。Singh 等对扩张腔消声器进行了有流和无流两种情况下的实验分析，采用 LES 方法比较了不同平均流速下的强制脉动衰减情况。Mishra 等采用 CFD 模型研究了扩张腔几何形状对发动机关键排气参数的影响。Hu 等研究了低雷诺数下扩张腔内超音速射流的流动特性和声学特性。

　　Yasuda 等采用一维理论方法研究了某商用汽车消声器的尾管噪声和瞬态声学特性。Bilawchuk 等研究了三种不同的计算扩张腔传递损失的方法，即"传统"实验室法、四极传递矩阵法和三点法。结果表明：三点法是最快的方法，用于评估单个参数(如挡板间距、吸声材料特性、消声器总长度和宽度以及多个小腔室)的响应，并且比四极传递矩阵法更容易使用。Lee 等通过一维分析和实验方法研究了泄漏对扩张腔消声器声学性能的影响，结果表明：泄漏对于扩张腔消声器的影响是很小的，而且仅对低频噪声有影响。

也有不少学者对许多工业设备的管道噪声进行了研究。Jiang 等基于声子晶体理论研究了锅炉管道阵列的声传播。Norton 等研究了工业气体管道的外部辐射噪声以及管道管壁振级与辐射声级的关系，研究发现当频率超过环频率时，管道的声辐射效率会降低。Broatch 等研究了进口弯头半径对涡轮增压器压缩机噪声的影响，结果表明：流动畸变会导致噪声振荡传递到进口管道，从而恶化整个系统的声学性能。

Torregrosa 等基于排气管出口的压力测量来预测进口端的体积速度波动，进而利用排放模型对内燃机排气噪声进行了实验预测。Xiang 等提出了一种传递损失可调的多腔体微穿孔消声器，对其噪声特性进行了测试和分析，得到腔体长度与消声器共振频率的拟合关系。结果表明：该消声器能有效地同时衰减中低频、宽带噪声和窄带谐波。Lu 等提出了一种紧凑式微穿孔板消声器，采用串并联的耦合方式进行消声，得到结构参数的最优组合，它可以有效地降低中高频范围内的宽频进气噪声，为车辆等其他噪声控制提供较好的解决方案。Oh 等提出了一种综合考虑降噪、减小压降和提高能效的流体机械吸气消声器，对声学和流体系统的拓扑优化方法进行一体化设计。

1.4.2　管束绕流气动噪声研究进展

当流体流过管束时，会交替出现脱落涡，并且在管束表面产生脉动压力引起流动噪声。考虑流体流动产生的声音，1952 年 Lighthill 首先提出了气动声学理论，他将 Navier - Stokes 方程重新排列成了一个非齐次波动方程，将声学和流体力学相联系。Curle 进一步发展了 Lighthill 的理论，将固体表面产生的声音与非定常流动相联系。Williams 等在此基础上进一步发展了声比拟理论，将其扩展到了考虑旋转壁面的发声问题上。

Revell 等对圆柱绕流的阻力系数与远场噪声之间的定量关系进行了实验研究，首次提供了用来直接验证在恒定马赫数下噪声和阻力系数之间定量关系的实验室数据。他们测试了不同位置的声压级，结果表明：基于指向性和带宽，声压级随阻力系数呈 50～90 倍对数变化。King 等研究了流体流经不同截面的圆柱时产生的噪声，结果表明：与其他圆柱相比，椭圆截面的圆柱产生的噪声最低。Iglesias 等通过气动风洞测试了不同截面（圆形、方形、矩形和椭圆）圆柱的气动辐射噪声。

Haramoto 等在低噪声风洞中，对倾斜圆柱产生的气动噪声进行了数值和实验分析，首先采用高精度迎风格式求解三维非定常不可压缩 Navier – Stokes 方程，其次基于修正的 Lighthil 方程，由圆柱体表面的脉动压力计算出观测点的声压级。结果表明：辐射噪声峰值随着圆柱倾斜度的增加而迅速降低，气流结构的改变可以降低倾斜模型的气动噪声。

Shahin 等采用 LES 模型和 Ffowcs – Williams – Hawkings(FW – H)模型对离心式压缩机轮毂侧的气动噪声和内部流动进行了研究，分析了轮毂空腔对流动特性和声压级的相对影响。图 1 – 13 所示为数学模型及不同位置对应的声压谱。可以看出，在压缩机排气侧监测的声压级频谱要高于进口侧的声压级频谱。

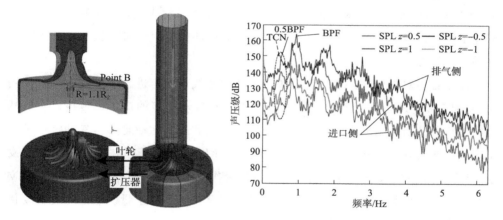

图 1 – 13　数学模型及不同位置对应的声压级频谱

Shaaban 等研究了圆柱绕流的声共振特性，考虑在圆柱之间形成的空腔中，绕流产生的声共振不是周期性的尾迹现象，而是周期性的流动振荡，因此圆柱直列排布引起的声共振不同于单根圆柱，而圆柱数对激发共振的斯特劳哈尔数有着显著影响。

大涡模拟在气动噪声计算中得到了广泛的应用。Rumpfkeil 等比较了气动噪声传播的不同噪声预测方法。研究表明：LES 模型可以得到比较好的结果，但考虑实际问题的不同也可能与实验数据不一致。Huang 等采用不同的湍流模型研究了湍流引起的气动噪声，通过求解线性 Euler 方程得到声场，通过求解不可压缩的 Navier – Stokes 方程得到声源。采用三种不同的湍流模型：大涡模拟(LES)、延迟分离涡模拟(DDES)和非定常雷诺平均 Navier – Stokes 方程(URANS)，结果表明 LES 模型与实验数据吻合较好，但也存在高频段的预测误差。Lee 等采用 LES 方法对五排螺旋管束在横向湍流中的流动进行了数值模拟，采用 WALE 子网格尺度模型来解决小尺度问题，从流激振动的角度讨论了频谱分析的结果，包括功率谱和连续小波变换分析。

孟堃宇采用 LES 湍流模型求解水滴形和碟形潜艇模型附近的流场和壁面压力脉动，并将计算结果与实验结果进行对比后发现，LES 模型可以成功地模拟壁面脉动压力的频谱变化，并且结果具有较高的计算精度。张三霞采用大涡模拟、声学模型和力学模型相结合的方法来研究水平轴风力发电机的尾迹特性、气动噪声和振动特性。

声类比模型也在气动噪声计算中得到了广泛应用。Ghasemian 等采用不可压缩 LES 方法获得瞬态湍流的流场，采用 FW - H 声学类比公式来预测噪声，重点研究了湍流边界层的宽带噪声和叶片通过频率引起的噪声，对风机垂直轴进行了气动声学模拟。

孟令雅等对气体流经输气管道阀门时产生的气动噪声进行了研究，分别采用 BEM 和 FW - H 方法对噪声源进行了计算，对气动噪声的产生、传播以及衰减过程进行了分析。研究发现，管道中流场的速度和压力脉动是产生气动噪声的决定因素；当马赫数较低时，偶极子声源占主导地位；对两种方法进行比较后发现，FW - H 方法只能计算远场声场，虽然操作简单，但计算精度较低，而 BEM 计算效率和精度相对较高，能够求解声场中任意一点的声学量。总的来看，要优于 FW - H 方法。

Alziadeh 等提出了一种无源噪声控制技术，可以抑制流体流经螺旋翅片圆柱引发的声共振。他们认为非均匀翅片圆柱能够抑制换热器管束内的声共振。Crighton 分析了非定常流体的发声机制，包括声辐射、声发射、声对流和声扰动。Persico 等探讨了汽轮机熵噪声实验中合成熵波的产生和表征，对熵波进行了详细的评估和描述，为气动声学的熵噪声模拟提供参考依据。

陈荣钱基于声波传播方程，将声场计算区域划分为声源区域和传播区域，编译了气动噪声相关预测程序，求解了实际条件下宽频噪声、周期噪声等噪声问题。

李晓东等对近五年来计算气动声学的研究进展进行了总结和展望，围绕高精度空间时间离散格式和无反射边界条件这两个关键因素，重点探讨了非线性无反射边界条件、非均匀时间步长步积分方法、复杂几何边界空间离散方法等研究热点。他们认为要解决实际工程问题中的气动噪声问题，还需要计算气动声学在人工边界条件和湍流模拟等方面取得突破性进展。

1.5 本章小结

综上所述，关于螺旋折流板管壳式换热器、场协同理论以及管道流噪声研究现状的分析，目前的研究中还存在如下不足：

（1）目前对管道降噪的研究是从声传播的角度出发，主要关注流动介质的阻抗匹配特性和声能在传播介质中的耗散过程，较少涉及流场与声场的协同作用；

（2）场协同理论虽然在对流传热领域得到了广泛的应用，而且在其他领域也证实了其普适性，但流场和声场之间的协同关系在传统的消声措施中并未引起足够的重视；

（3）虽然螺旋折流板管壳式换热器在强化传热过程和降低压降方面具有明显的优势，但是它的噪声辐射水平和振动问题还不太清晰；

（4）有关螺旋折流板管壳式换热器的公开文献多集中在强化传热和降低压降方面，较少涉及流动噪声的产生和传播过程。

基于以上 4 个问题，本书拟采用图 1－14 所示的研究思路，主要研究内容如下：

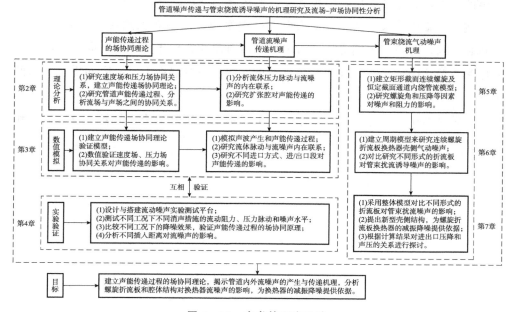

图 1－14 本书的研究思路

在第 1 章中，总结和回顾了管壳式换热器、场协同理论以及管道流噪声的研究进展，分析了现有研究的不足之处，提出了本章的研究目的和思路；

在第 2 章中，从声场的动量方程和能量方程出发，研究了流场和压力梯度场的协同关系，提出了声能传递过程的流场-声场协同方法；

在第 3 章中，采用数值模拟的方法，研究了噪声在管道内的传递过程，通过分析不同流速、不同进口、不同插入距离下的管道噪声传递损失与流场-声场协同角的关系来验证流场-声场协同原理；

在第 4 章中，为了进一步揭示管内噪声传递机理，对扩张腔管道中的噪声传播过程进行了实验测量，分析了不同插入长度和压降对噪声传递的影响，进一步为流场-声场协同理论提供数据支撑；

在第 5 章中，根据连续螺旋折流板管壳式换热器壳侧流体流动的特点，抽象出矩形截面连续螺旋通道内单管和管束绕流作为流动噪声研究的模型，研究了螺旋角和压降等因素，对螺旋通道及恒定截面通道内的气动噪声和阻力性能进行了分析；

在第 6 章中，采用周期模型来对比分析连续螺旋折流板和弓形折流板管壳式换热器的壳侧流体流动、换热和气动噪声，分析了不同形式的折流板对管束绕流噪声的影响，为连续螺旋折流板管壳式换热器的减振降噪提供依据；

在第 7 章中，采用整体模型来研究连续螺旋折流板管壳式换热器的流噪声、换热和压损，分析了不同形式的折流板对换热器综合性能的影响，同时提出了单腔体和双腔体壳侧结构，并根据计算结果确定了换热器进出口压降和出口声压的关系；

在第 8 章中，对全文进行总结并列出了本书的研究结论、创新点及后续工作建议。

2 流场–声场协同性研究

本章从声学基本方程出发，基于声波在流体内传播的运动方程、连续方程以及物态方程，考虑压力梯度引起的做功量，从流场和声场匹配的角度揭示了管道噪声的传递过程，既为管道流噪声的消除提供新的分析方法，也为传递过程的场协同理论拓展新的应用领域。

2.1 流场–声场协同理论分析

2.1.1 理想流体介质中的声波方程

设体积微元受到声扰动后其压强由 p_0 变为 p_1，那么由于声扰动而产生的压强变化量 $p' = p_1 - p_0$，就称为声压。声压不仅随位置的分布发生改变，也会随时间发生变化。也就是说，在声传播的过程中，在某一时间，不同体积微元的压强都不相同，而对于同一个体积微元，不同时间对应的压强也不同。

为了建立声压随空间和时间的变化联系，即声波动方程，可通过对介质及声波传递过程做出一些理想假设，首先，假设介质为理想介质，也就是说声波在该介质内传播时不产生能量损耗；其次，当没有声扰动时，介质的静态压强 p_0、静态密度 ρ_0 都是常数；再次，声波传播过程为绝热过程；最后，介质中传递的声波都是小振幅声波。根据三个基本的物理定律，即牛顿第二定律、质量守恒定律及物态方程，可以得到绝热条件下理想介质中有声扰动时的三个一维基本方程，即：

$$\rho \frac{\mathrm{d}v}{\mathrm{d}t} = -\frac{\partial p'}{\partial x} \tag{2-1}$$

$$-\frac{\partial}{\partial x}(\rho v) = \frac{\partial \rho}{\partial t} \tag{2-2}$$

$$p = p(\rho), \quad \mathrm{d}p = c^2 \mathrm{d}\rho \tag{2-3}$$

式(2-1)是有声扰动时介质的运动方程，表征了声压 p' 随质点速度 v 的变化关系；式(2-2)是声场中介质的连续性方程，它描述了质点速度 v 随密度 ρ 的变化关系；式(2-3)是物态方程，表征了压强 p 随密度 ρ 的变化关系。在声传播过程中，考虑介质还来不及与相邻部分进行热量交换，声传播的速度要远大于热量传递的过程，因而可以认为声波传播过程是绝热的，此时压强 p 仅随密度 ρ 发生变化。

2.1.2 声学基本方程小振幅声波一维波动方程

前面得到了有声扰动存在时理想流体介质的三个基本方程，但考虑这些方程中各个声学量之间的关系都是非线性的，因此需要对方程进行进一步简化，考虑声波的振幅比较小，声波的各个参数 p'、v、ρ'，它们随位置、随时间的变化量都是微小量，而且它们的平方项以上的微量更小，因此都可以忽略，那么前面三个基本方程可以简化成下列方程：

$$
\begin{cases}
\rho_0 \dfrac{\partial v}{\partial t} = -\dfrac{\partial p'}{\partial x} \\[2mm]
p' = c_0^2 \rho' \\[2mm]
-\rho_0 \dfrac{\partial v}{\partial x} = \dfrac{\partial \rho'}{\partial t}
\end{cases}
\tag{2-4}
$$

根据这一方程组可以消去 v、ρ'，继而求得：

$$
\frac{\partial^2 p}{\partial x^2} = \frac{1}{c^2} \frac{\partial^2 p}{\partial t^2}
\tag{2-5}
$$

这就是均匀理想流体介质中小振幅声波的波动方程，该方程是在忽略二级以上微量后得到的，故称为线性声波方程。

2.1.3 运动介质声学的基本方程

当声波在理想介质中传播时，描述声波运动的基本方程如下：

$$
\begin{cases}
\rho\left(\dfrac{\partial v}{\partial t} + v \cdot \nabla v\right) = -\nabla p + f' \\[2mm]
\dfrac{\partial \rho}{\partial t} + v \cdot \nabla \rho + \rho \nabla \cdot v = \rho q \\[2mm]
\dfrac{\partial s}{\partial t} + v \cdot \nabla s = 0, \quad c^2 = \left(\dfrac{\partial p}{\partial \rho}\right)_s
\end{cases}
\tag{2-6}
$$

式中 ρ——流体密度，kg/m^3；

　　v——流体速度，m/s；

　　p——流体压强，Pa；

　　f'——外部作用于流体的力，N/m^3；

　　q——质量源，$kg/(m^3 \cdot s)$；

　　s——熵，J/m^3；

　　c——声速，m/s。

对于定常流动，方程组可简化为以下形式：

$$\begin{cases} \rho_0 v_0 \cdot \nabla v_0 = -\nabla p_0 \\ \nabla \rho_0 v_0 = 0 \\ v_0 \cdot \nabla s_0 = 0 \\ v_0 \cdot \nabla p_0 = c_0{}^2 v_0 \cdot \nabla \rho_0 \end{cases} \tag{2-7}$$

式中 ρ_0——流体密度，kg/m^3；

　　v_0——流体速度，m/s；

　　p_0——流体压力，Pa；

　　s——熵，J/m^3；

　　c_0——常数，稳态下的声速 m/s。

假定流场的扰动量分别为 $\rho' = \rho - \rho_0$、$u = \dot{v} - v_0$、$s' = s - s_0$、$p' = p - p_0$、$(c^2)' = c^2 - c_0^2$，并满足 $|u|/c \ll 1$、$p'/p_0 \ll 1$、$\rho'/\rho_0 \ll 1$、$|s'|/|s_0| \ll 1$，可以对上述方程组进行线化，得：

$$\begin{cases} \rho_0 \left(\dfrac{\partial u}{\partial t} + v_0 \cdot \nabla u + u \cdot \nabla v_0 \right) + \rho' v_0 \cdot \nabla v_0 = -\nabla p' + f' \\ \dfrac{\partial \rho'}{\partial t} + \nabla (\rho_0 u + \rho' v_0) = \rho_0 q' \\ \dfrac{\partial s'}{\partial t} + v_0 \cdot \nabla s' + u \cdot \nabla s_0 = 0 \\ c_0 \left(\dfrac{\partial \rho'}{\partial t} + v_0 \cdot \nabla \rho' + u \cdot \nabla \rho_0 \right) + (c^2)' v_0 \cdot \nabla \rho_0 = \dfrac{\partial p'}{\partial t} + v_0 \cdot \nabla p' + u \cdot \nabla p_0 \end{cases} \tag{2-8}$$

这是运动介质声学的基本方程。假定 ρ_0、v_0、p_0、s_0 均为常量，$\nabla f = 0$，则方程可进一步简化得到在均匀流速中传播的基本声学方程：

$$\nabla^2 p' - \dfrac{1}{c_0^2} \dfrac{\partial^2 p'}{\partial t^2} = -\rho_0 \dfrac{\partial q'}{\partial t} \tag{2-9}$$

2.1.4 速度场、压力场协同

有关速度场和压力场之间协同关系的研究已经取得了较大的进展，研究表明在特定条件下，速度场和压力场的协同对强化换热和减小流动阻力有着一定的作用；但是，在大量非高速旋转的流场中，考虑垂直壁面方向的压力梯度很小，压力梯度对换热壁面的做功量远小于换热量，在这种情况下，调节速度场与压力场之间的协同关系对强化换热和减小流动阻力并不会有显著的效果，而在管道噪声传递过程中，通过调节速度场和压力场的协同关系来强化声能的传递和降低管路中振动噪声的产生，则具有更直接的效果和更重要的意义。

当在流场中输入声波后，声波的传递过程会在流场中建立交变的压力梯度，声波在流场中形成的压力梯度场在与固体壁面接触的过程中，会伴随着声能的交换，因此，速度场与压力场之间的协同关系与声能的传递过程有着密不可分的关系。在有噪声的流场中，可压缩的能量方程中压力做功项可采用式（2-10）描述：

$$U \cdot \nabla p = |U| \, |\nabla p| \cos\theta_p \qquad (2-10)$$

从式（2-10）可以看出，外界对流体微元的做功量不只取决于速度和压力梯度的大小，还取决于速度场与压力梯度场的协同程度。当考虑流体与壁面之间的声能交换时，则在声功流的方向上，速度场与压力梯度场的协同程度越好，流体对壁面的做功量越大，流体与壁面之间的声能交换量越大。

另外，何雅玲等在研究脉管制冷机的过程中，提出了交变流（制冷量）可以表示为：

$$\langle H \rangle = p_0 \mu_0 \cos\Phi \qquad (2-11)$$

式中　　p_0——压力波振幅，m；

μ_0——速度波振幅，m；

Φ——压力波和速度波之间的夹角，（°）。

从式（2-11）可以看出，随着压力波和速度波之间相位夹角的减小，脉管制冷机的制冷量增大，当相位夹角为0时，流场内的压力波与速度波协同性最好，此时脉管制冷机的焓流最大，制冷量最大；当相位夹角 Φ 为90°时，速度波与压力波完全不协同，脉管制冷机的焓流为0，没有制冷效果。因此，当气流压力波与速度波之间的相位角越小时，其协同性越好，制冷能力也越强。同样地，当考虑噪声传递过程中的声能交换时，在声功流的方向上，压力波和速度波的协同性越好，截面的声功流越大。

结合式(2-10)和式(2-11)可以看出，在管道噪声的传递过程中，速度场（速度波）与压力场（压力波）的协同性越好，流体与壁面之间声能交换量越大。图2-1所示为不同声波入射角对降噪效果的影响。可以看出，在两种工况下，声波入射角均对吸声材料的降噪效果有着十分显著的影响，而且随着入射角的增加，吸声材料的降噪效果上升。

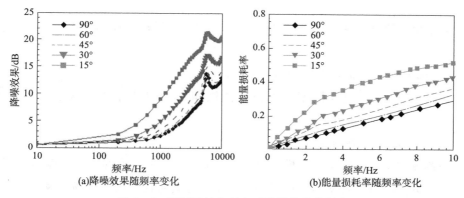

图2-1　不同声波入射角对降噪效果的影响

研究表明，流场与声场之间的协同关系对声能的传递效果有着十分重要的影响，但是，这种协同关系在传统的消声器设计中并未引起足够的重视。

2.1.5　协同关系分析

考虑压强和密度的变化有相同的方向，由式(2-12)可知，压强 p 仅随密度 ρ 发生变化，由于声传播速度比热传播速度快得多，如果声波传播过程是绝热的，则理想气体的声压和密度之间的关系可以表述为：

$$\frac{p}{p_0} = \left(\frac{V}{V_0}\right)^{\gamma} = \left(\frac{\rho}{\rho_0}\right)^{\gamma} \qquad (2-12)$$

$$p = f(\rho) = C \cdot \rho^{\gamma} \qquad (2-13)$$

式中　γ——气体定压比热容与定容比热容之比，J/kg，$\gamma = c_p/c_v$，对于空气 $\gamma = 1.402$；

　　　C——常量系数，$C = p_0/\rho_0{}^{\gamma}$。

将式(2-13)，用泰勒级数展开，并略去高阶小量，只保留线性部分，可以得到：

$$p' = \frac{\gamma p_0}{\rho_0} \cdot \rho' \qquad (2-14)$$

将 $p'=p-p_0$ 代入式(2-14)，得：

$$p=\frac{\gamma p_0}{\rho_0}\cdot\rho+p_0-\gamma p_0=\frac{1}{a}\rho+b \tag{2-15}$$

$$a=\frac{\gamma p_0}{\rho_0},\ b=p_0-\gamma p_0 \tag{2-16}$$

$$\nabla\rho=\frac{1}{a}\nabla p \tag{2-17}$$

对于定常流动，将式(2-17)代入式(2-6)中的运动方程，得到：

$$-v\cdot\nabla p=a(\rho\nabla\cdot v-\rho q') \tag{2-18}$$

式中　$-v\cdot\nabla p$——流体对壁面的做功量；

　　　$\nabla\cdot v$——速度散度，代表流体微团运动过程中相对体积的时间变化率；

　　　$\rho q'$——附加质量源。

在流体力学中，定义压力梯度的模值与速度梯度的模值的乘积为流体所消耗的泵功，$\rho\nabla\cdot v$ 代表相对质量的时间变化率。也就是说，当在流场中输入声波以后，声波的传递过程会在流场中建立交变的压力梯度，声波在流场中形成的压力梯度场在与固体壁面接触的过程中，会伴随声能的交换。声能的传递过程与热量的传递过程同样具有很多相似的规律，两者均需要通过介质才能传输，而且都是由分子运动引起，只不过热量的传递过程是通过温度梯度建立的，而声能的传递过程是通过压力梯度进行的。

因此将流场与压力梯度场之间的协同关系统一表述为：

$$-v\cdot\nabla p=|v||-\nabla p|\cos\theta \tag{2-19}$$

$$\theta=\arccos\frac{-v\cdot\nabla p}{|v||-\nabla p|} \tag{2-20}$$

式中　θ——流场-声场之间的协同角，(°)。

从式(2-19)和式(2-20)可以看出，外界对流体微元的做功量不仅取决于速度和压力梯度的大小，还取决于速度场与压力场的协同程度。当流体与壁面之间的声能交换时，则在声功流的方向上，速度场与压力梯度场的协同性越好，流体对壁面的做功量越大，流体与壁面之间的声能交换量也越大。

2.2　管道声能传递过程的流场-声场协同分析

对于进出口截面较小的管道，声波在管道中主要以平面波的方式进行传播，此时一维声波方程可以表述为：

$$\frac{\partial^2 p(x,\ t)}{\partial x^2} - \frac{1}{c^2}\frac{\partial^2 p(x,\ t)}{\partial t^2} = 0 \qquad (2-21)$$

平面波在管道内传播时，等相位面是平面，声波在管内的传播过程如图 2-2 所示。

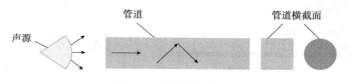

图 2-2　平面波传播示意

当声波传到原本静止的介质中时，一方面会引起介质质点在平衡位置附近来回振动，另一方面也会引起介质的压缩和膨胀。前者会使介质具有振动动能，后者则使介质具有形变位能，这两个相结合就是由于声扰动使介质具有的声能量。体积元里总的声能量为动能与位能之和，即

$$\Delta E = \Delta E_k + \Delta E_p = \frac{V_0}{2}\left(v^2 + \frac{1}{\rho_0^2 c_0^2}p^2\right) \qquad (2-22)$$

为了便于分析，可以将在管道中的噪声近似看作一个平面波，声波进入管道后，引起流体在平衡位置附近沿着轴向来回振动。在这种情况下，声波在流体中引起的交变的压力梯度总是平行于管壁，主流区的速度同样是平行于壁面。

按照传统的消声器设计，消声材料的布置一般有两种方式，在壁面敷设和在管道中填充，如图 2-3 所示。当在管壁上敷设吸声材料时[如图 2-3(a)所示]，此时壁面吸声材料与流体之间的声功流总是垂直于壁面，速度矢量、压力梯度方向与壁面功流方向完全不协同，使得流体几乎不对壁面做功，流体携带的声能也基本传递不到壁面上，因此在直管道内壁面上敷设消声材料，很难降低管道内的流动噪声。

当在管道中填充吸声材料时[如图 2-3(b)所示]，流体速度、流体的压力梯度和声功流方向均平行于吸声材料壁面。此时，速度矢量、压力梯度方向与壁面功流方向完全协同。因此，从声能传递的角度而言，在管道中填充吸声材料更有利于降低管路流动噪声，但是，直接在管道中填充吸声材料，又会带来两方面的问题：一是管道内填充吸声材料会引起流动的紊乱，从而产生附加的振动和噪声；二是填充在管道内的吸声材料会堵塞管道，导致管内流动阻力急剧增加，因而需要采用功率更大的循环泵，循环泵功率的增加会带来循环泵质量和体积的上升，同时也会增加管路的振动噪声。可以看出，消声装置的设计不仅需要兼顾消

声量和流动阻力两方面因素，还要考虑速度、压力、声功流的协同关系，以及流场与声场匹配关系，如此才能获得高效而低阻的消声效果。

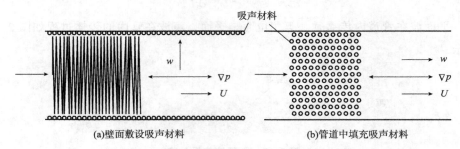

(a)壁面敷设吸声材料   (b)管道中填充吸声材料

图 2-3　直管道中速度矢量与声功流的协同关系

以上分析表明，流场与声场之间的协同关系对声能的传递过程和降噪效果有着十分重要的影响，而这种协同关系在传统的消声器设计中并未引起足够的重视。因此，在管道噪声传递过程中，通过调节流场和声场的协同关系来降低管路中振动噪声的产生和强化声能的传递，具有重要的实际应用价值。

2.3　本章小结

本章采用理论分析和数值模拟的方法研究了流场–声场协同性以及管道声能的传递过程，既为管道流噪声的消除提供新的分析方法，也为传递过程的场协同理论拓展新的应用领域。得到主要结论如下：

（1）声能的传递过程与热量的传递过程具有很多相似的规律，两者均需要通过介质才能传输，热量的传递过程是通过温度梯度建立的，而声能的传递过程是通过压力梯度进行的。

（2）当在流场中输入声波以后，声波的传递过程会在流场中建立交变的压力梯度并伴随着声能的交换，外界对流体微元的做功量不仅取决于速度和压力梯度的大小，还取决于速度场与压力场的协同程度。当流体与壁面之间的声能交换时，则在声功流的方向上，速度场与压力场的协同性越好，流体对壁面的做功量越大，流体与壁面之间的声能交换量也越大。

（3）流场与声场之间的协同关系对声能的传递过程和降噪效果有着十分重要的影响，在管道噪声传递过程中，可通过调节速度场和压力场的协同关系来强化声能的传递过程和降低管路中流噪声的产生。

3 扩张腔管道内噪声传递过程的研究

本章通过理论分析和数值模拟的方法，研究了声波在换热器进出口处扩张腔管道内的传递过程；通过分析流场和压力梯度场之间的协同关系，揭示了流体脉动形式与流动噪声之间的内在联系，研究了各种进口方式和不同插入距离对流噪声的影响，验证了流场-声场之间的协同关系。

3.1 管道内噪声传播性能分析

3.1.1 数值模型

根据第2章的分析，声波一般在直管道内呈平面波分布，但在换热器的进出口处存在管道截面突变的区域，因此为了进一步分析声波在扩张腔管道内的传播过程，假设声波从一根截面积为 S_1 的直管中传来，在该管末端连着另一根截面积为 S_2 的直管，如图 3-1 所示。一般来说，后面的管道相对于前面的管道而言是一个声负载，从而会引起声波的反射和透射。

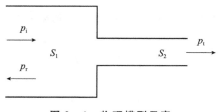

图 3-1 物理模型示意

设在 S_1 管中有一入射波 p_i 和一反射波 p_r，而 S_2 管无限延伸，仅有透射波 p_t，假设坐标原点取在 S_1 管与 S_2 管的接口处，分别列出上述三种波的声压表达式：

$$\begin{cases} p_i = p_{ai} e^{j(\omega t - kx)} \\ p_r = p_{ar} e^{j(\omega t + kx)} \\ p_t = p_{at} e^{j(\omega t - kx)} \end{cases} \tag{3-1}$$

以及它们的质点速度：

$$\begin{cases} v_i = \dfrac{p_{ai}}{\rho_0 c_0} e^{j(\omega t - kx)} \\ v_r = -\dfrac{p_{ar}}{\rho_0 c_0} e^{j(\omega t + kx)} \\ v_t = \dfrac{p_{at}}{\rho_0 c_0} e^{j(\omega t - kx)} \end{cases} \tag{3-2}$$

这三种波相互联系，并且在前后两根管子相连的界面存在如下声学边界条件：

(1)声压连续，即

$$p_{ai} + p_{ar} = p_{at} \tag{3-3}$$

(2)体积速度连续，即

$$S_1(v_i + v_r) = S_2 v_t \tag{3-4}$$

将式(3-2)代入式(3-4)并取 $x = 0$ 可得：

$$S_1(p_{ai} - p_{ar}) = S_2 p_{at} \tag{3-5}$$

联立式(3-3)与式(3-5)可解得声压比：

$$r_p = \frac{p_{ar}}{p_{ai}} = \frac{S_{21} - 1}{S_{21} + 1} \tag{3-6}$$

其中 $S_{21} = \dfrac{S_1}{S_2}$。

根据式(3-6)可以得到声强的反射系数 r_1 与透射系数 t_1：

$$r_1 = \left(\frac{S_{21} - 1}{S_{21} + 1}\right)^2 \tag{3-7}$$

$$t_1 = \frac{I_t}{I_i} = \frac{4}{(S_{12} + 1)^2} \tag{3-8}$$

为了进一步反映声波在扩张腔管道内传递的能量关系，定义平均声能流的透射系数 t_w：

$$t_w = \frac{I_t S_2}{I_i S_1} = \frac{4 S_{12}}{(S_{12} + 1)^2} \tag{3-9}$$

考虑声功率反射系数与声强发射系数相同，即 $r_w = r_1$，因此根据能量守恒定律，可以得到 $t_w + r_w = 1$。

在此基础上，进一步分析扩张腔内的传声特性，假设在传声主管道中插入一根扩张管，如图 3-2 所示。其中，主管的截面积为 S_2，中间插管的截面积为 S_1，长度为 L_e。

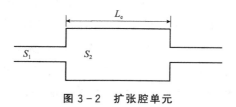

图 3-2 扩张腔单元

其声强透射系数为：

$$t_I = \frac{4}{4\cos^2 kL_e + (S_{12} + S_{21})^2 \sin^2 kL_e} \tag{3-10}$$

由此可以看出，扩张腔对声波的消声效果，不仅与扩张腔的长度有关，还与主管截面积和扩张腔截面积的比值有关。从式（3-10）可以看出，当 $kL_e = (2n-1)\frac{\pi}{2}$，即 $L_e = (2n-1)\frac{\lambda}{4}$（$n = 1，2，\cdots$）时，透射系数最小，并且 $(t_I)_{min} = \frac{4}{(S_{12} + S_{21})^2}$。也就是说，当扩张腔长度等于声波波长 1/4 的奇数倍时，声波的透射本领最差，即反射效果最强。

由此可以看出，扩张腔既可衰减进入的声波，也可衰减传出的声波。由于扩张腔管道截面的突然增大会使介质密度发生变化，从而造成声阻抗的突变，会使一部分声波向声源反射回去，此时入射波和反射波相位相差 $180°$，频率相等，方向相反。所以，反射的声波抵消了一部分向前传播的声波，从而达到降噪效果。

一般采用消声量来评价扩张腔的消声程度，其定义为管中声强的透射系数的倒数，即 $TL = 10\lg\frac{1}{t_I}$，因此可以得到扩张腔的消声量：

$$TL = 10\lg\left[1 + \frac{1}{4}(S_{12} - S_{21})^2 \sin^2 kL_e\right] \tag{3-11}$$

当 $kL_e = (2n-1)\frac{\pi}{2}$，或 $L_e = (2n-1)\frac{\lambda}{4}$（$n = 1，2，\cdots$）时，消声量达到极大值 TL_{max}，即

$$TL_{max} = 10\lg\left[1 + \frac{1}{4}(S_{12} - S_{21})^2\right] \tag{3-12}$$

当 $kL_e=n\pi$ 或 $L_e=n\dfrac{\lambda}{2}(n=1,2,\cdots)$ 时，消声量最小：

$$TL_{min}=0 \qquad (3-13)$$

此时声波可以全部通过，对应的频率称为通过频率，在此频率下消声量为0，并且存在周期性的通过频率。由此可见，扩张腔管道对于声波具有较强的频率选择性，并且特别适用于针对声波中一些声压级特别高的频率进行消除。

为了研究声波在管道内的传递损失，首先进行了物理模型的构建，具体物理模型详见图3-3。声波从入口段进入，流经扩张腔，再由出口段传出。具体结构参数见表3-1。有关物理模型的边界条件和声波的物性参数，流体域定义为空气，先不考虑空气的流速；在入口处添加1 W声功率的平面波声源；出口定义为无反射边界条件。

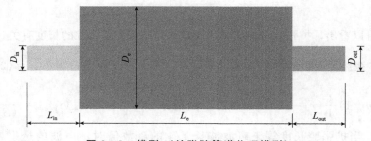

图3-3 模型1(扩张腔管道物理模型)

表3-1 模型几何参数

L_{in}/m	L_e/m	L_{out}/m	D_{in}/m	D_e/m	D_{out}/m
0.05	0.2	0.05	0.025	0.1	0.05

采用声学有限元法对声场进行计算，控制方程如下。

理想流体中小振幅声波的三维波动方程：

$$\dfrac{\partial^2 p'}{\partial t^2}=c_0^2 \nabla^2 p' \qquad (3-14)$$

假设声波为简谐波，则声压 p' 可表示为：

$$p'=p'(x,y,z)e^{jwt} \qquad (3-15)$$

进而得到 Helmholtz 方程：

$$\nabla^2 p'(x,y,z)+k^2 p'(x,y,z)=0 \qquad (3-16)$$

利用加权余量法求解式(3-16)，可以得到：

$$\int_V (\nabla \widetilde{p}' \cdot \nabla p' - k_0^2 \widetilde{p}' \cdot p')\mathrm{d}V = \int_\Omega \left(\widetilde{p}' \ \frac{\partial p'}{\partial n}\mathrm{d}\Omega \right) \quad\quad (3-17)$$

式中　V——计算域，m³；

　　　　Ω——计算域 V 的边界，m；

　　　　$\widetilde{p}'$——权函数。

利用有限元法将声场离散成有限个单元后，任意节点的声压可以用形函数的方式表达：

$$p' = \sum_{i=1}^q N_i^e \boldsymbol{p}_i = [\boldsymbol{N}]^{\mathrm{T}}[\boldsymbol{p}_i] \quad\quad (3-18)$$

式中　$[\boldsymbol{N}]$——形函数向量；

　　　　$[\boldsymbol{p}_i]$——节点声压向量。

可以得到：

$$\nabla p' = \nabla [\boldsymbol{N}]^{\mathrm{T}}[\boldsymbol{p}_i] = [\boldsymbol{N}_g]^{\mathrm{T}}[\boldsymbol{p}_i] \qu\quad (3-19)$$

式中　$[\boldsymbol{N}_g]$——形函数的梯度矩阵。

将式(3-19)代入式(3-17)，可以得到：

$$\left\{ [K] + j\rho_0\omega \frac{1}{Z_n}[C] - k_0^2[M] \right\}[p_i'] = -j\rho_0\omega u_n\{F\} \qu\quad (3-20)$$

式中　$[K] = \int_V [\boldsymbol{N}_g][\boldsymbol{N}_g]^{\mathrm{T}}\mathrm{d}V$，$[M] = \int_V [\boldsymbol{N}][\boldsymbol{N}]^{\mathrm{T}}\mathrm{d}V$，$[C] = \int_{\Omega_Z} [\boldsymbol{N}][\boldsymbol{N}]^{\mathrm{T}}\mathrm{d}\Omega$，$\{F\} = \int_{\Omega_V} [\boldsymbol{N}]\mathrm{d}\Omega$。

通过求解式(3-20)可以得到声场中各个节点的声压值，进而求解整个计算域的声场。

3.1.2　网格处理

采用非结构化网格，对模型进行四面体网格划分，然后在声学有限元网格上进行声学网格前处理后生成包络网格，在包络网格的基础上进行声学分析，如图3-4所示。对于声学网格来说，对局部网格进行加密并不会提高其计算精度，因为声学计算精度是由多数网格单元控制的，网格单元尺寸与计算频率存在如下对应关系：

$$L \leqslant \frac{c}{6F_{\max}} \qu\quad (3-21)$$

式中　c——声速，$\text{m} \cdot \text{s}^{-1}$；

　　　$F_{\max}$——最大计算频率，Hz；

　　　L——网格单元长度，m。

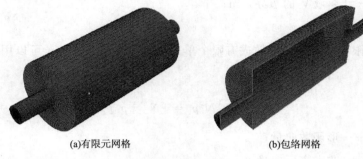

(a)有限元网格　　　　　　　　　　　(b)包络网格

图 3-4　网格划分

由于空气的声速为 $340\text{m} \cdot \text{s}^{-1}$，计算要求最高频率为 3000Hz，则单元长度不应大于 19mm。出于计算时间、内存以及精度的考虑，本节选取 $L=5\text{mm}$，采用 O-block 进行结构化网格划分，网格数量为 53304，节点数为 50144，网格质量为 0.8。

3.1.3　数据处理

本章通过定义管道进出口的传递损失来衡量扩张腔的降噪效果，在出口处定义无反射边界条件，传递损失则代表进口声功率级与出口声功率级的差值。声功率是指声源在单位时间内向空间辐射的总能量，有关进口声功率和出口声功率的定义为：

$$W_{\text{in}} = \frac{{p_1}^2 A_{\text{in}}}{\rho c} \qquad (3-22)$$

$$W_{\text{out}} = \frac{{p_2}^2 A_{\text{out}}}{\rho c} \qquad (3-23)$$

式中　W_{in}——入口声功率，W；

　　　W_{out}——出口声功率，W；

　　　p_1——进口声压，Pa；

　　　p_2——出口声压，Pa；

　　　A_{in}——进口截面积，m^2；

　　　A_{out}——出口截面积，m^2。

为了得到扩张腔的传递损失曲线，分别在进口处和出口处定义数据输入和输出点，对其声功率进行数据处理，最终得到传递损失的计算公式为：

$$TL(\text{dB}) = 10\lg\left(\frac{W_{\text{in}}}{W_{\text{out}}}\right) \tag{3-24}$$

3.1.4　计算结果

图 3-5 所示为不同频率下声场的声压级分布云图。分析计算了 $10\sim3000\text{Hz}$ 的频率响应。

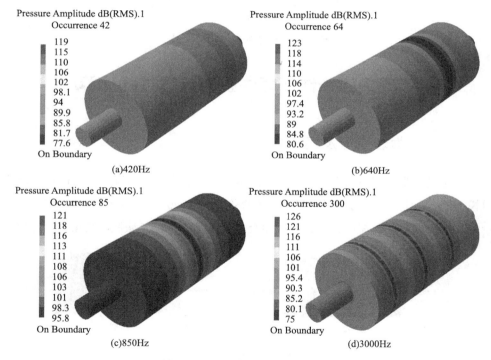

图 3-5　不同频率下的声压云图

此处只列出频率为 420Hz、640Hz、850Hz 和 3000Hz 时的声压分布，从图 3-5 中可以看出明显的平面波传递过程。随着频率的改变，管内的声压也在发生变化，但由于声波以平面波的形式进行传递，因此声压只沿轴向发生变化。

本章采用传递损失作为扩张腔噪声传播性能的评价指标，计算得到了扩张腔管道内声能的传递损失曲线，计算结果如图 3-6 所示。可以看出，扩张腔的传递损失呈宽频拱形曲线分布，存在传递损失的最大值和最小值，最大消声量为

18.41dB，通过频率分别为850Hz、1710Hz和2560Hz，根据式(3-11)计算得到的理论通过频率分别为850Hz、1700Hz和2550Hz，两者基本保持一致。

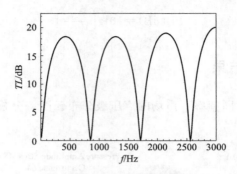

图 3-6 管道的传递损失曲线

3.2 不同进口条件下管内噪声传播过程计算

3.2.1 物理模型及网格划分

为了进一步探究不同进口条件对管内噪声传递的影响，本章在直通道扩张腔管道模型的基础上又添加了一个45°入口的弯管和一个90°入口的弯管，如图3-7所示。其结构参数见表3-1。声波由入口处进入管道，流经扩张腔，再由出口流出。

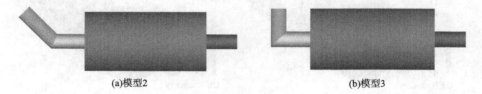

(a)模型2   (b)模型3

图 3-7 计算模型

由于流场计算和声场计算对网格要求的不同以及计算资源的合理利用，因此采用 ICEM 软件进行流场计算时网格的划分，采用 LMS 进行声场计算时网格的划分。

进行流场网格划分时，采用 O-block 进行结构化网格划分，并在壁面附近区域设置边界层。对网格首先进行了无关性验证，结果见图3-8。对于模型1，当网格数从210489增长到820234，在网格数为485748时压降变化很小，因此选择该套网格进行流场计算；对于模型2，当网格数从325964增长到1120234时，在网格数为980264时压降变化很小，因此选择该套网格进行流场计算；对于模型 3，当网格数从 231914 增长到 100245 时，在网格数为 871264 时压降变化很小，因此选择该套网格进行流场计算。

空气的声速为 340m/s，计算频率为 3000Hz，根据式（3-21），综合考虑计算时间、计算资源以及计算精度，本次计算采用单位长度 5mm，网格数为 21 万的非结构化网格进行声场计算。

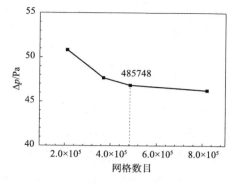

图 3-8　网格无关性验证

3.2.2　数值模型

对于流场和声场计算，本书研究的工质为空气。具体参数见表 3-2。

表 3-2　工质的物性参数

参数项	单位	数值
ρ	kg·m^{-3}	1.225
λ	W·m^{-1}·K^{-1}	0.0242
μ	Pa·s	0.0000179

进行流场计算时，边界条件设置如下：速度入口；出口条件设置为 outflow；壁面均设置为无滑移壁面。采用 SIMPLE 算法耦合压力-速度，采用二阶逆风格式分解动量、能量和湍流方程中的对流项，以在结果中实现更高的准确度。当残差小于 10^{-6} 时判定收敛。采用 RNGk-ε 湍流模型，控制方程如下。

RNGk-ε 湍流模型的 k-ε 输运方程为：

$$\frac{\partial}{\partial x_i}(\rho u_i k) = \frac{\partial}{\partial x_i}(\alpha_k \mu_{\text{eff}})\frac{\partial k}{\partial x_i} + \mu_t S^2 - \rho \varepsilon \tag{3-25}$$

$$\frac{\partial}{\partial x_i}(\rho u_i \varepsilon) = \frac{\partial}{\partial x_i}(\alpha_k \mu_{\text{eff}})\frac{\partial \varepsilon}{\partial x_i} + C_{1\varepsilon}\frac{\varepsilon}{k}S^2 - C_{2\varepsilon}\rho\frac{\varepsilon^2}{k} - R_\varepsilon \tag{3-26}$$

式中　μ_{eff}——有效湍流黏性系数，Pa·s；

$\mu_t S^2$——湍流产生项，kg·m^{-1}·s^{-3}；

R_ε——附加生成项，kg·m^{-1}·s^{-4}，代表平均应变率对 ε 的影响；

$C_{1\varepsilon}=1.42$，$C_{2\varepsilon}=1.68$，$\alpha_k=1.393$。

声学边界条件如下：定义入口处的管道声模态，输入 1W 的声功率；出口定义为无反射边界条件，并添加 AML 属性；将不同入口速度下计算得到的流场结果导入 LMS Virtual. Lab 11 进行声场的计算。

3.2.3 模型验证

在进行下一步计算之前，有必要验证模型的可靠性和准确性。由于本章是对流场与声场协同性进行研究，因此分别从流场和声场的角度进行验证，然后将两种验证相结合来证明模型的可靠性和准确性。

对于流场的验证，计算不同平均流速时单个扩张腔管道的流场，以获得入口和出口之间的压降。将模型 1 计算得到的流场数值结果与实验结果进行比较，结果见图 3-9。可以看出，计算结果与文献结果匹配良好，因此本研究中的 CFD 方法是可靠的，可用于模拟流场。

对于声场的验证，计算得到模型 1 的传递损失大小，并将计算结果与文献中的理论公式结果进行比较，最大相对偏差为 9.17%，如图 3-10 所示，其传递损失曲线为正弦曲线，并且在波峰和波谷处匹配良好。

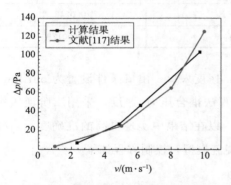

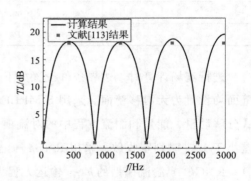

图 3-9　计算结果与实验结果的对比　　图 3-10 计算结果与理论公式的对比

结合上述两种验证，说明扩张腔管道的流场和声场模拟是令人信服的。

3.2.4 结果与讨论

（1）流场计算结果

针对 4 种不同工况（$v=10\text{m} \cdot \text{s}^{-1}$、$v=20\text{m} \cdot \text{s}^{-1}$、$v=50\text{m} \cdot \text{s}^{-1}$ 和 $v=100\text{m} \cdot \text{s}^{-1}$）对 3 个模型的流场分别进行了计算，得到了轴向截面上的压力和速度分布，如图 3-11 所示。由于这 4 种工况下的压力和速度分布趋势相似，所以这里只列出

$v=20\mathrm{m}\cdot\mathrm{s}^{-1}$的情况。可以看出，在截面突变处，压力和速度均发生了显著变化，这说明声波的传递也将受到影响，再根据第 2 章对流场和声场协同性的分析，对整个流体域的速度场和压力梯度场进行积分平均以获得流场和声场的协同角。

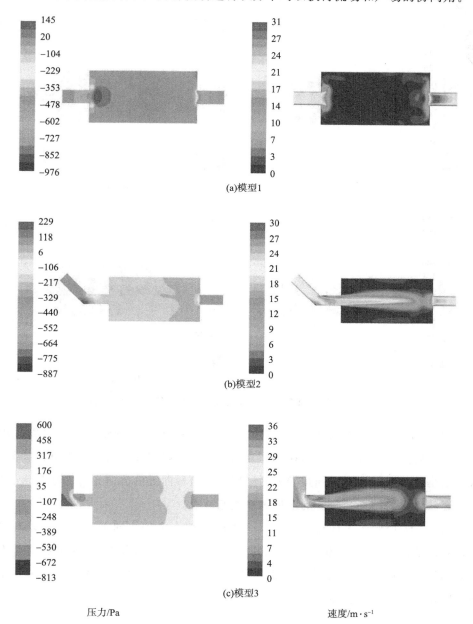

(a)模型1

(b)模型2

(c)模型3

压力/Pa   速度/m·s⁻¹

图 3-11 轴向截面上的压力和速度云图

图 3-12 所示为不同流速下模型 1 轴向横截面上的协同角云图。可以看出，进口处的协同角较大，基本在 180°左右变化；出口处的协同角较小，基本在 0°左右变化；随着流速的增大，协同角较大的区域逐渐减小。

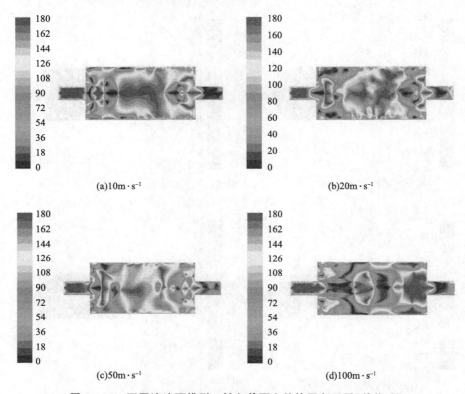

(a)10m·s⁻¹   (b)20m·s⁻¹

(c)50m·s⁻¹   (d)100m·s⁻¹

图 3-12　不同流速下模型 1 轴向截面上的协同角云图(单位:°)

图 3-13 所示为不同流速下模型 2 轴向横截面上的协同角云图。可以看出，进口处的协同角也较大，基本在 180°左右变化；与模型 1 相比，出口处的协同角虽然也是较小，但存在协同角较大的区域；管道弯曲处的协同角分布也较大；随着流速的增大，协同角较大的区域也在逐渐减小。

图 3-14 所示为不同流速下模型 3 轴向横截面上的协同角云图。可以看出，进口处的协同角只有局部区域在 180°左右变化，大部分区域协同角分布并不大；此时出口处的协同角较大；随着流速的增大，协同角较大的区域也在逐渐减小，而协同角较小的区域在逐渐增大。

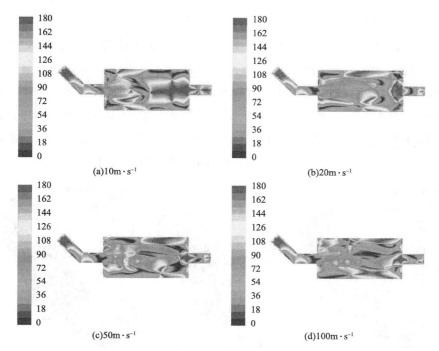

图 3-13 不同流速下模型 2 轴向截面上的协同角云图(单位:°)

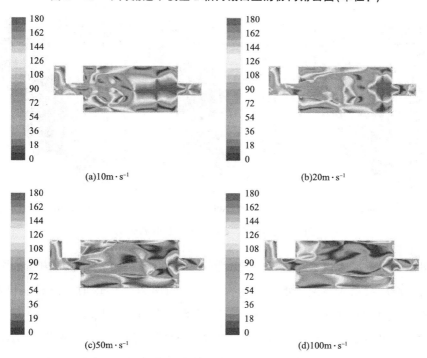

图 3-14 不同流速下模型 3 轴向截面上的协同角云图(单位:°)

（2）声场计算结果

图 3-15 所示为不同频率下的声压分布云图。对于模型 2 和模型 3，这里仅列出 420Hz、640Hz 和 850Hz 的声压分布。从图中可以清楚地看到明显的平面波传播过程，虽然频率对管内声压有很大的影响，但在平面波传播过程中，声压只沿轴向发生变化。当频率为 420Hz 时，进口声压要明显高于出口声压，此时传递损失也较大；当频率为 850Hz 时，出口声压与进口声压基本一致，消声量基本为 0；对于三种模型来说，声压都随频率呈现周期性变化。

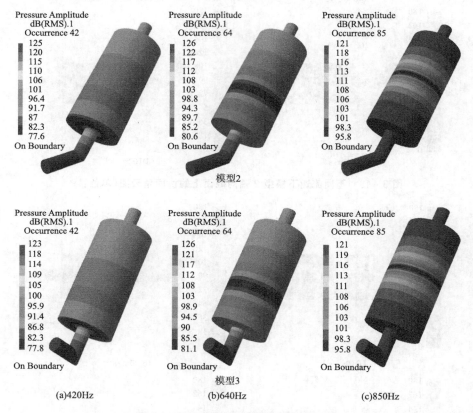

图 3-15　不同频率下的声压分布云图

图 3-16 所示为在 420Hz、640Hz 和 850Hz 时不同速度对应的声压云图。可以看出，声压会随着流速的增大逐渐增大。当频率为 420Hz 时，三种模型的进、出口声压差别相对较大，此时能达到消声量的最大值，并且模型 1、模型 3 的最大声压均小于模型 2；当频率为 850Hz 时，三种模型的进、出口声压差别相对较小，消声量几乎为 0。一般来说，流场对扩张腔管道内噪声传递性能的影响可分为

两部分,一是流场可以改变声音传递过程和声音衰减规律,二是流场可以产生再生噪声。本章主要考虑流场对声音传递过程的影响,由于流动介质可以改变声波长度,所以改变声波传播,这导致在同一频率下速度的不同也会产生不同的声压。

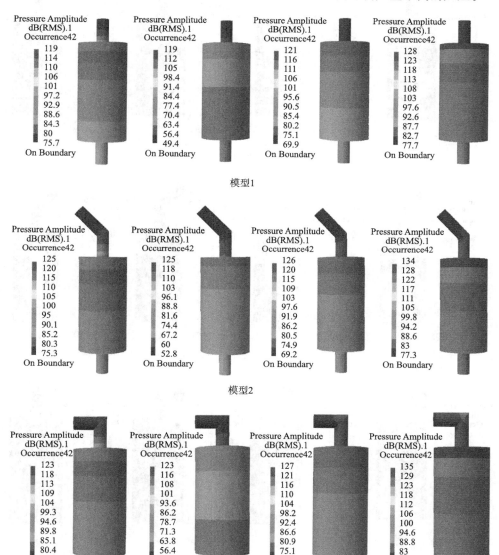

模型1

模型2

模型3

10m·s⁻¹   50m·s⁻¹   100m·s⁻¹   200m·s⁻¹

(a)420Hz

图 3-16 不同流速下的声压分布云图

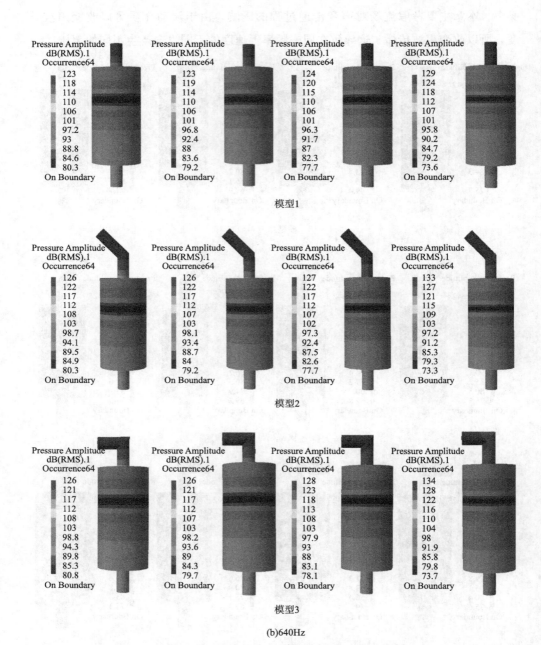

模型1

模型2

模型3

(b)640Hz

图 3-16 不同流速下的声压分布云图(续)

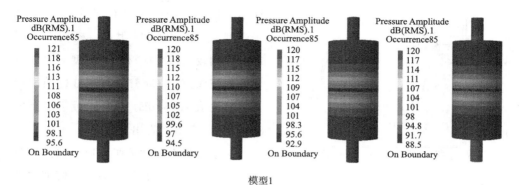

模型1

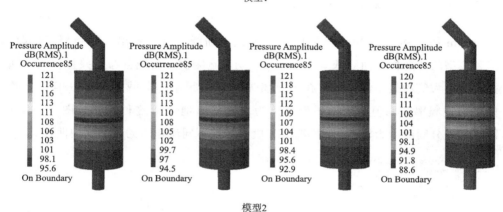

模型2

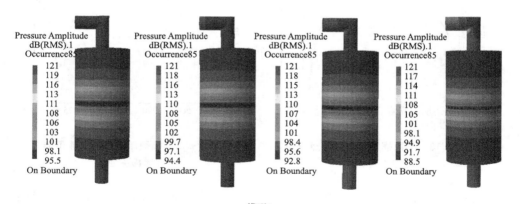

模型3

(c)850Hz

图 3-16　不同流速下的声压分布云图(续)

　　图 3-17 所示为不考虑流速影响时，三种模型对应的传递损失曲线。可以看出，在低频段，三种模型对应的曲线基本差别不大，但在高频区域，模型 3 的传

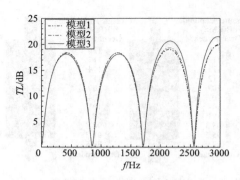

图 3 - 17　三种模型对应的传递损失曲线

递损失最大，而模型 2 的传声损失略高于模型 1。在 2200Hz 附近，模型 1 的消声量达到较大值 19.02dB；模型 2 的消声量达到较大值 19.34dB；模型 3 的消声量达到较大值 20.63dB，分别比模型 1 高出 8.5%，比模型 2 高出 6.7%。

为了分析流速对扩张腔通道内声场分布的影响，图 3 - 18 所示为三种模型在不同进口流速 $v=10\text{m}\cdot\text{s}^{-1}$、$v=50\text{m}\cdot\text{s}^{-1}$、$v=100\text{m}\cdot\text{s}^{-1}$ 和 $v=200\text{m}\cdot\text{s}^{-1}$ 时的传递损失曲线。可以看出，当频率较低时，三种模型的传递损失曲线基本保持一致，均呈宽频拱形曲线分布，并且存在传递损失的最大值和最小值，也存在传递损失为 0 的频率，即截止频率；但在高频段，通过频率和峰值都发生了变化。为了更清晰地分析这种变化，图 3 - 19～图 3 - 21 分别所示为模型 1、模型 2 和模型 3 在不同流速下的传递损失曲线。

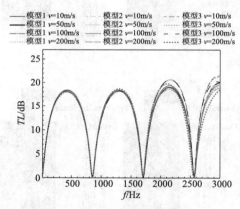

图 3 - 18　不同模型在不同流速下的
传递损失曲线

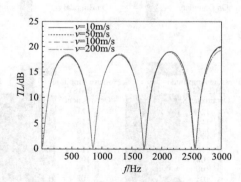

图 3 - 19　模型 1 在不同流速下的
传递损失曲线

从图 3 - 19 可以看出，对于模型 1，流速的增大对传递损失曲线的影响并不大，仅在高频区域当流速增大至 200m·s⁻¹时，峰值略有下降。从图 3 - 20 可以看出，对于模型 2，当流速增大至 100m·s⁻¹时，高频区域的峰值略有下降；当流速增大至 200m·s⁻¹时，高频区域的两个峰值，也就是最大消声量均有所下降。从图 3 - 21 可以看出，对于模型 3，当流速增大至 50m·s⁻¹时，高频区域的峰值略有下降；当流速增大至 100m·s⁻¹时，高频区域的峰值不仅下降，而且通过频率也减小了；当流速增大至 $200\mathrm{m}\cdot\mathrm{s}^{-1}$ 时，高频区域的三个峰值均向左移动，通过频率整体减小，最大消声量也有所下降。

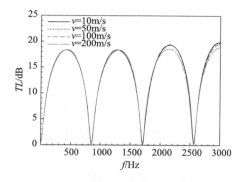

图 3-20　模型 2 在不同流速下的
传递损失曲线

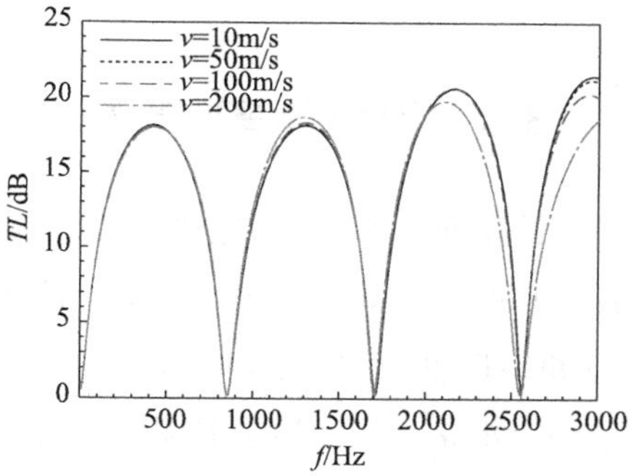

图 3-21　模型 3 在不同流速下的
传递损失曲线

（3）流场-声场协同性分析

基于流场和声场计算结果，通过分析协同角和传递损失随流速的变化来表征流场-声场协同性的变化，如图 3-22 所示。比较三种模型可以看出，协同角越小，传递损失越大。对于这三种模型，随着流速的增加，场协同角逐渐增大，而传递损失逐渐减小。这表明协同性越好，消声效果越

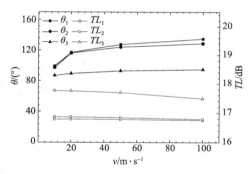

图 3-22　不同雷诺数下场协同角分布

好，进一步证明了可以用速度场和压力梯度场之间的协同作用来分析声能的传递过程。

当声波流入流场时，声波传播过程将在流场中产生交变的压力梯度。声波引起的压力梯度场与壁面接触，并伴随着声能的交换。因此，流场和声场之间的协同作用可以用速度场和压力梯度场的协同作用来表征。

总的来说，流体对壁面的做功量不仅取决于速度和压力梯度的大小，而且取决于速度场和压力梯度场之间的协同程度。在声流动的方向上，流体对壁面的做功量随着速度和压力梯度场之间的协同作用的增加而增加。因此，随着速度的增加，场协同作用角度减小，随着流场和声场之间的协同性增加，消声效果得到提高。

3.3 插入段对管道噪声传播过程的影响

3.3.1 数值计算物理模型

为了分析插入段对扩张腔管道内噪声传播的影响，建立了如图 3-23 所示的模型。扩张腔长度 L_e＝282.3mm，扩张腔直径 D_e＝153.2mm，扩张腔入口段长度 L_{in} 和出口段长度 L_{out} 均为 51.2mm，扩张腔入口段直径 D_{in} 和出口段直径 D_{out} 均为 48.6mm，入口插入段距离 L_{inlet} 分别为 20mm、40mm、60mm、80mm 和 100mm。声波从扩张腔管道的入口部分通过扩张腔进入管道，然后从出口部分流出。数值模型同 3.2.2 节。

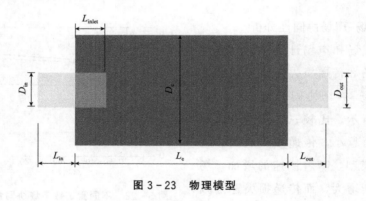

图 3-23 物理模型

3.3.2 网格及模型验证

流场计算区域由 ANSYS ICEM 的 O-block 生成结构化网格，网格划分方法及无关性验证同 3.2.1 节，最终生成的 5 个模型的网格如图 3-24 所示。

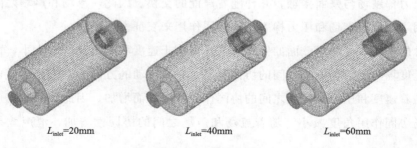

L_{inlet}＝20mm　　　　L_{inlet}＝40mm　　　　L_{inlet}＝60mm

图 3-24 网格划分

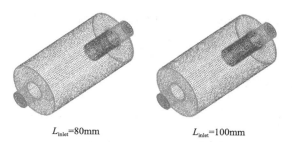

$L_{inlet}=80mm$　　　　　　$L_{inlet}=100mm$

图 3-24　网格划分(续)

各个模型的网格数见表 3-3。

表 3-3　不同模型的网格数

插入段距离	网格数
20mm	696588
40mm	682856
60mm	687964
80mm	683652
100mm	669920

考虑插入段对流场和声场计算结果的影响,本节对 $L_{inlet}=20mm$ 的扩张腔模型进行了验证。对于流场的验证,计算了不同平均流速时的流场,得到了进出口的压降并与 Brodkey 等的经验公式计算的结果进行比较,最大相对偏差为 16.9%,最小相对偏差为 2.8%,如图 3-25 所示。可以看出,计算结果与文献结果匹配良好,因此本章节的数值方法是可靠的,可用于模拟流场。

对于声场的验证,将计算得到的传递损失曲线与文献中实验测得的 $L_{inlet}=20mm$ 时扩张腔管道的传递损失曲线进行比较,结果如图 3-26 所示。可以看出,其传递损失曲线为正弦曲线,并且在波峰和波谷处与实验值匹配良好。

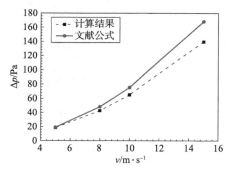

图 3-25　计算结果与文献公式的对比

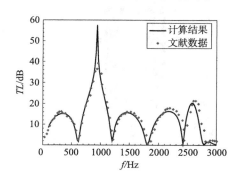

图 3-26　计算结果与文献数据的对比

结合上述两种验证，证明了带有插入段的扩张腔内流场和声场模拟方法的正确性。

3.3.3　结果与讨论

（1）流场计算结果

当 $v=20\text{m}\cdot\text{s}^{-1}$ 时 5 个模型对应的轴向截面上的速度、压力和协同角分布如图 3-27 所示。总体来看，管道进口和出口处的协同角分布均较大，插入段附近的协同角也基本在 180°左右变化；并且随着插入距离的增大，腔体中间沿轴线方向的红色区域增大，也就是协同角较大的区域逐渐增大，但是腔体壁面附近的蓝色区域也在增大，也就是协同角较小的区域逐渐增大。由于腔体壁面附近的蓝色区域增大得更多，因此，协同角随着插入距离的增大而减小。

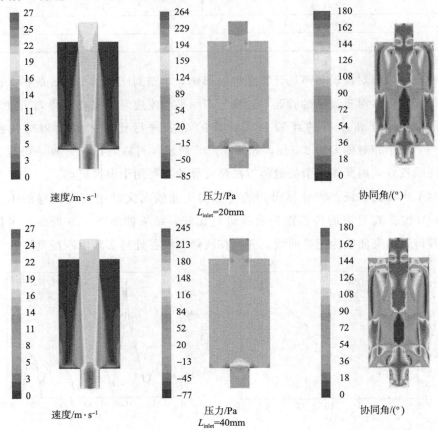

图 3-27　轴向截面速度、压力、协同角分布（$v=20\text{m}\cdot\text{s}^{-1}$）

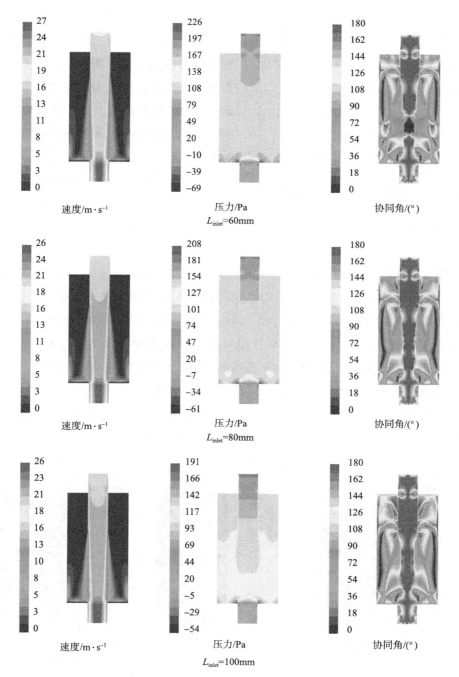

速度/m·s⁻¹   压力/Pa   协同角/(°)

$L_{inlet}=60mm$

速度/m·s⁻¹   压力/Pa   协同角/(°)

$L_{inlet}=80mm$

速度/m·s⁻¹   压力/Pa   协同角/(°)

$L_{inlet}=100mm$

图 3-27 轴向截面速度、压力、协同角分布（$v=20m·s^{-1}$）（续）

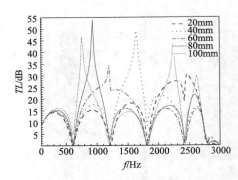

图 3-28　不同延伸段对应的传递损失曲线

（2）声场计算结果

图 3-28 所示为不同插入段对应的传递损失曲线。可以看出，随着插入距离的增大，传递损失曲线逐渐向低频移动，并且峰值逐渐增大；当频率较低时，5 种插入距离的传递损失曲线差别不大；随着频率增大，100mm 的传递损失曲线最早达到峰值，并且在高频段出现第二个峰值；其中插入距离 80mm 的传递损失曲线峰值最高。因此，内插结构可以一定程度上改善扩张腔在中低频的消声量。

图 3-29 所示为 $v=20\mathrm{m \cdot s^{-1}}$ 时不同频率下声场的声压云图。计算响应频率从 100Hz 至 3000Hz，这里列出几种不同频率下的声压分布。当频率为 300Hz 时，可以看出，进口处的声压较大而出口处较小，此时的传递损失也较大；当频率为 600Hz 时，进出口声压基本差别较小；当频率分别为 2460Hz、1640Hz、1180Hz、940Hz 和 760Hz 时，分别对应的是各个模型的传递损失曲线上最大波峰处的频率，此时进出口声压相差最大，消声量也最大。从图中可以清楚地看到明显的平面波传播过程。虽然频率对声压分布有很大的影响，但是在平面波传播过程中，声压只沿轴向变化，声压随频率呈现周期性变化。

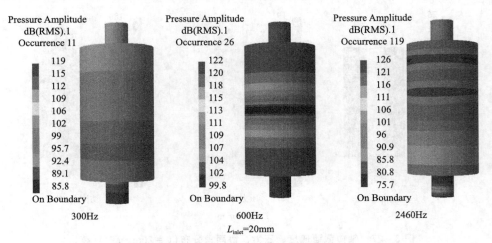

图 3-29　不同频率下声场的声压云图

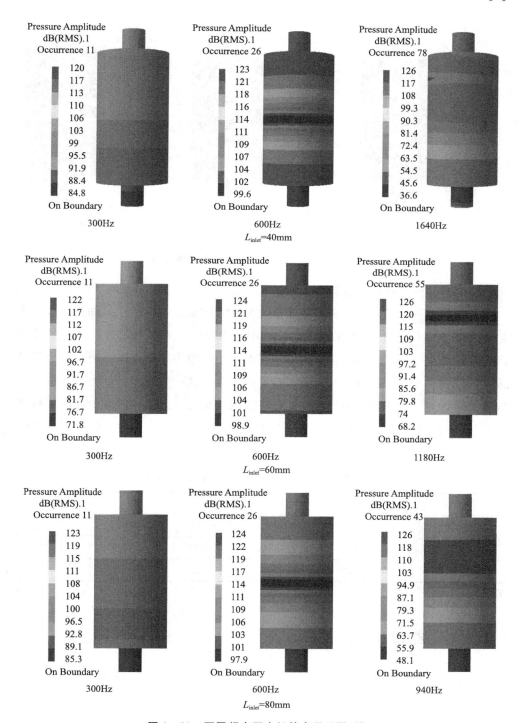

图 3 - 29　不同频率下声场的声压云图(续)

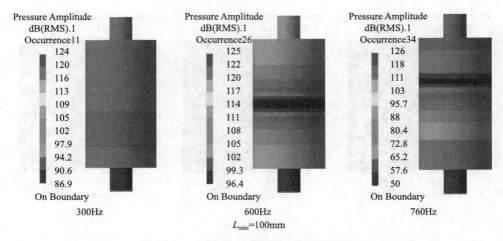

图 3-29 不同频率下声场的声压云图(续)

(3)流场-声场协同性分析

不同模型的协同角、压降及传递损失的计算结果见表 3-4。可知当插入距离 $L_{inlet}=80$mm 时，传递损失最大为 42.90dB，此时消声效果也最好；并且随着插入长度的增大，体平均协同角和压降均逐渐减小，但传递损失逐渐增大；也就是说，协同角越小，协同性越好，传递损失就越大。这一结果与上一小节分析的不同进口条件对管内噪声传播过程的影响得到的结果是一致的。因此，证明了流场和声场之间的协同作用可以用速度场和压力梯度场的协同作用来表征，并且其协同性越好，消声效果越好。

表 3-4 不同模型的协同角、压降及传递损失

插入距离/mm	20	40	60	80	100
体平均协同角/°	95.74	91.71	87.73	85.11	92.86
压降/Pa	229.40	216.16	201.07	187.36	174.28
传递损失/dB	23.92	38.73	40.20	42.90	36.65

3.4 本章小结

本章对扩张腔管道内流体噪声传播进行了研究，分析了流场和压力梯度场之间的协同关系，验证了声能传递过程的场协同理论。得到主要结论如下：

(1)场协同理论不仅适用于对流换热过程，也适用于声能的传递过程。通过

对速度梯度和压力梯度的分析，可以得到流场和声场之间的协同作用。

（2）考虑速度对声能传递过程的影响，速度场与压力梯度之间的协同作用随流场的变化而变化，从而导致消声效果的差异。

（3）改变进口方式和增加管道内的插入段，扩张腔管道内流场和声场的协同角越小，传递损失越大，壁面与流体之间的声能交换量越大，消声效果也越好。

4　扩张腔管道内噪声传播过程实验测量

为了进一步揭示管内噪声传递机理，本章对扩张腔管道中的噪声传播过程进行了实验测量，分析了不同插入长度和压降对噪声传递的影响，进一步为流场-声场协同理论提供数据支撑。

4.1　实验系统及测量步骤

如图 4-1 所示，实验系统由四部分组成：声源（风机），流体参数测量系统（孔板流量计、压力计、差压压力表），实验件（不同进出口长度的扩张腔），以及噪声性能测量系统（包括 4 个麦克风、电荷放大器、多通道数据采集仪和计算机）。该实验系统测量并记录了压降 Δp，体积流量 Q 和声压 p'。其中压降 Δp 由差压压力表测得。体积流量 Q 由孔板流量计测得。声压 p' 由噪声传感器测得，并经电荷放大器放大用于数据采集和分析。

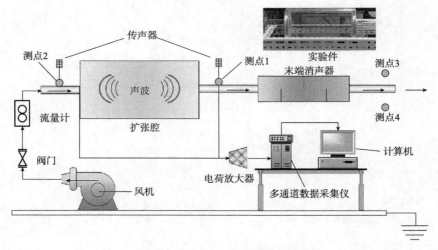

图 4-1　管道噪声测试实验简图

表 4-1 所示为实验台主要设备型号及用途。

表 4-1 实验台主要设备型号及用途

仪器名称		型号	用途
风源设备	风机		风源，噪声源
	管路		将空气引至实验段（加隔音材料）
	孔板流量计	STD924	测量风速
	压力变送器	ROSEMOUNT	测量进口压力
	差压变送器	ROSEMOUNT	测量进出口压差
	风机控制台		启停风机，控制风机流量
实验装置	支撑夹具		为实验管提供支撑，为压力传感器提供安装位置
	支撑架		固定支撑端板
	支撑孔板		插入管束
实验对象	扩张腔	有机玻璃	通过改变插入段长度来研究内声场和外声场
测试仪器	压电式传感器	PCB	测量噪声
	电荷放大器	PCB	放大压力传感器的信号
	数据采集仪	LMS	采集处理放大器的信号
	数据采集软件	LMS	采集并分析压力信号

当鼓风机打开时，空气流入管道系统，待空气稳定流动，也就是压降 Δp 和体积流量 Q 稳定后，进行噪声信号收集和记录。实验时，通过改变进出口的长度来记录不同流量下的流噪声。

4.2 传声器的安装及校准

当管道中的气体高速流经传声器时，传声器很容易发生损坏，因此安装传声器时，需要将传声器感应膜片平齐安装在管道的内壁面。本章实验要测量的是有流条件下管道内的声压信号，传声器的感应膜片要承受一定的静压，因此最终选择压电式传声器，如图 4-2 所示。

图 4-2 噪声传感器

一般来说，在扩张腔附近的截面突变区域，不仅存在平面波，还会产生非平面波，为了将这些非平面波衰减掉，会将传声器布置在大于 3 倍扩张腔体直径的位置，因此，本章将实验台架上的管道内壁面上的传声器安装在距离截面变化处的 1000mm 处。

考虑空气流速的影响，当空气在管道中流动时，传声器之间的微小误差都有可能导致测量结果不准确，因此必须对传声器进行校准，降低传声器之间的相位失配和灵敏度失配误差，对传声器进行校准后，其实际灵敏度结果见表4-2。

表 4-2 传声器校准结果

编号	物理通道	测点	方向性	灵敏度
1	Input 1	测点 1	无	0.92
2	Input 2	测点 2	无	0.99
3	Input 3	测点 3	无	60.703
4	Input 4	测点 4	无	54.909

将 4 个传感器安装在 4 个位置，分别设为测点 1、测点 2、测点 3 和测点 4。测点 1 和测点 2 分别位于出口段内壁和进口段内壁，用于监测内部声场噪声。测点 3 布置在距离管道轴线 45°，距离扩张腔 1000mm 处，用于监测外部声场噪声。测点 4 位于平行于管道轴线，距离扩张腔 1000mm 的位置，也用于监测外部声场噪声。

4.3 管道内流噪声的测量过程

实验时，先打开风机，此时管道阀门关闭，监测管道内外的背景噪声，结果如图 4-3 所示。然后打开风机阀门，测得的噪声结果如图 4-4 所示。可以看出，当空气流过时，在 20kHz 频率范围内绝大部分频率对应的内声场声压在 120dB 以上，而扩张腔管道的背景噪声在 70dB 左右，两者之间声压级相差很大，因此，风机本身所产生的噪声可以满足流噪声性能的测量要求。流场数据采用多次测试取平均值的方法，本实验测试 3 次取平均值；4 个测点处的噪声测量，采用线性平均方式进行数据采集。

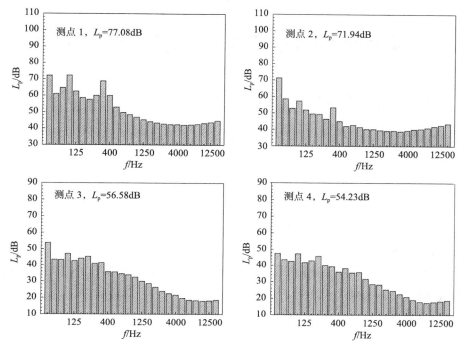

图 4-3　无流情况下的背景噪声

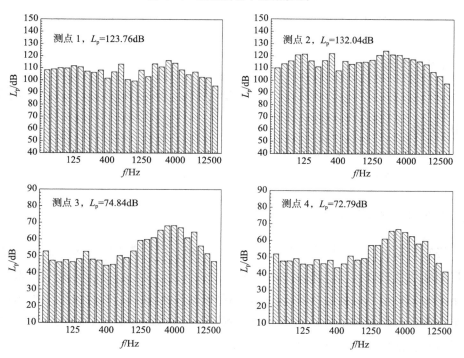

图 4-4　有流情况下的流噪声

4.4 实验测定结果后处理、验证及不确定度分析

4.4.1 实验数据处理方法

数据处理过程中使用的主要方程如下:

$$v = \frac{Q}{S} \qquad (4-1)$$

式中 v——速度,m·s^{-1};

       S——管道入口截面积,m^2;

       Q——体积流量,m^3·s^{-1}。

一般来说,声压随时间变化,而且每秒的变化很大。因此在一定时间间隔内的有效声压 p' 定义为:

$$p' = \left(\frac{1}{T} \int_0^T p'(t)^2 \mathrm{d}t \right)^{1/2} \qquad (4-2)$$

式中 p'——声压,Pa;

       T——时间间隔,s;

       t——时间,s。

采用声压级来度量声压,定义如下:

$$L_\mathrm{p} = 20 \lg \left(\frac{p'}{p_0} \right) \qquad (4-3)$$

式中 L_p——声压级,dB;

       p'——待测声压的有效值,Pa;

       p_0——参考声压,Pa,选取 $p_0 = 2 \times 10^{-5}$ Pa。

4.4.2 结果验证

将实验测得的压降同第 3 章的数值模拟结果,以及文献中有关变截面管道进出口压降的理论公式结果进行对比,结果如图 4-5 所示。与文献数据相比,实验结果的最小相对偏差为 2.8%,最大相对偏差为 9.17%。与数值模拟相比,实验结果的最小相对偏差为 4.45%,最大相对偏差为 15.14%。这一良好的一致性表明本章所采用的实验方法是可行且准确的。

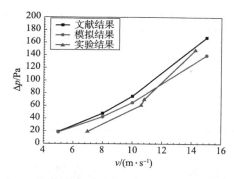

图 4 - 5　实验结果、模拟结果以及文献结果的对比

4.4.3　实验结果的不确定度分析

本章采用 Kline 等提出的"二次幂传递法"，对实验结果进行不确定度分析。该方法适用于只进行了几次实验测定结果的不确定度分析。"二次幂传递法"的特点是：间接测量物理量 R 是由若干个相互独立的直接测量物理量 x_1，x_2，x_3，…，x_n 决定的，即 $R = f(x_1, x_2, x_3, \cdots, x_n)$，其中直接测量物理量的不确定度由仪表精度来确定，那么间接测量物理量 R 的不确定度 ΔR 与各个变量的不确定度 Δx_i 之间的关系如下：

$$\Delta R = \left[\left(\frac{\partial R}{\partial x_1} \Delta x_1 \right)^2 + \left(\frac{\partial R}{\partial x_2} \Delta x_2 \right)^2 + \cdots + \left(\frac{\partial R}{\partial x_n} \Delta x_n \right)^2 \right]^{1/2} \qquad (4-4)$$

其相对不确定度 $\Delta R / R$ 可表示为：

$$\frac{\Delta R}{R} = \left[\left(\frac{\partial R}{\partial x_1} \frac{\Delta x_1}{R} \right)^2 + \left(\frac{\partial R}{\partial x_2} \frac{\Delta x_2}{R} \right)^2 + \cdots + \left(\frac{\partial R}{\partial x_n} \frac{\Delta x_n}{R} \right)^2 \right]^{1/2} \qquad (4-5)$$

计算中，直接测量的物理量体积流量和进出口压差均取最大偏差进行计算，以此得到各个间接测量物理量的最大不确定度。表 4 - 3 所示为实验中各仪表的量程，本实验中主要的间接测量物理量 Q、v、Δp 和 L_p 的最大相对不确定度见表 4 - 4。

表 4 - 3　实验中各仪表的量程

设备	量程
孔板流量计	$0 \sim 4\text{kPa}$
压力计	$0 \sim 4\text{kPa}$
压差计	$0 \sim 4\text{kPa}$
传感器	$50 \sim 173\text{dB}$

表 4 - 4   实验中各物理量的最大相对不确定度   单位：%

变量	最大相对不确定度
Q	2.3
v	3.0
Δp	0.65
L_p	0.13

4.5   管道内噪声传播过程的实验结果分析

4.5.1   实验模型

实验测试了在不同流量下不同进口长度和出口长度（0～140mm）的扩张腔管道的流动和噪声特性，模型参数同 3.3.1 节，不同插入段参数见表 4 - 5。

表 4 - 5   模型参数   单位：mm

模型编号	进口段距离 L_in	出口段距离 L_out
1	0	0
2	40	0
3	0	40
4	0	20
5	20	0
6	40	20
7	40	40
8	60	0
9	60	40
10	80	0
11	80	20
12	80	40
13	100	0
14	100	40
15	120	0
16	120	20
17	120	40
18	140	0
19	140	40

4.5.2　不同测点测得的流噪声

图 4-6 所示为模型 1 的 4 个测点测得的声压级随进出口压降的变化。可以看出，随着进出口压降的增大，4 个测点测得的声压级均在增大；其中，测点 1 和测点 2 测得的进出口内部声压的增长幅度基本一致，测点 3 和测点 4 测得的出口处外部声压增长幅度基本一致；并且测点 1 的声压要高于测点 2，是由于进口处距离声源更近；而测点 3 的声压要略高于测点 4，是由于声波沿空气流动方向衰减得更快。

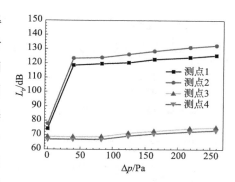

图 4-6　模型 1 不同测点的声压级
随进出口压降的变化

4.5.3　扩张腔内外噪声的时域和频域特性

图 4-7 所示为模型 1 的 4 个测点在流体静止状态下和进出口压降为 250Pa 时监测得到的压力脉动时域曲线。可以看出，在静止状态下，4 个测点测得的压力脉动均在 0 附近变化；当进出口压降 $\Delta p = 250$Pa 时，测点 1 的压力脉动最大值能达到 133Pa。图 4-8 所示为对应的线性声功率谱。在静止状态下，4 个测点对应的线性声功率频谱波峰处的频率分别为 600Hz、500Hz、2350Hz 和 2320Hz；当进出口压降 $\Delta p = 250$Pa 时，4 个测点对应的线性声功率频谱波峰处的频率分别为 600Hz、2170Hz、3291Hz 和 2310Hz。

图 4-9 所示为模型 2 的 4 个测点在静止状态下和进出口压降为 250Pa 时监测得到的时域曲线。图 4-10 所示为对应的声功率谱。在静止状态下，4 个测点对应的线性声功率频谱波峰处的频率分别为 340Hz、500Hz、2310Hz 和 2320Hz；当进出口压降 $\Delta p = 250$Pa 时，4 个测点对应的线性声功率频谱波峰处的频率分别为 2950Hz、2170Hz、4020Hz 和 3240Hz。

图 4-11 所示为模型 3 的 4 个测点在静止状态下和进出口压降为 250Pa 时监测得到的时域曲线，图 4-12 是其对应的声功率频谱曲线。在静止状态下，4 个测点对应的线性声功率频谱波峰处的频率分别为 340Hz、500Hz、2310Hz 和 2340Hz；当进出口压降 $\Delta p = 250$Pa 时，4 个测点对应的线性声功率频谱波峰处的频率分别为

3810Hz、1980Hz、3250Hz 和 3240Hz。可以看出，在静止状态下，3 种模型测得的管道噪声信号基本一致，能够避免测试环境差异对实验结果的影响。

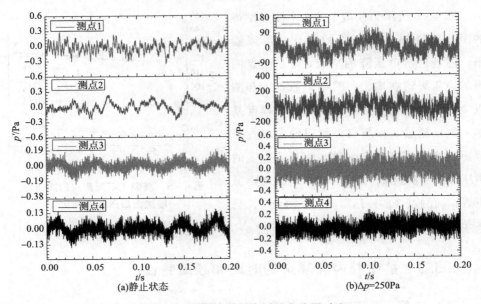

(a)静止状态　　　　　　　　　　　　(b)Δp=250Pa

图 4-7　模型 1 监测点时域曲线图对比

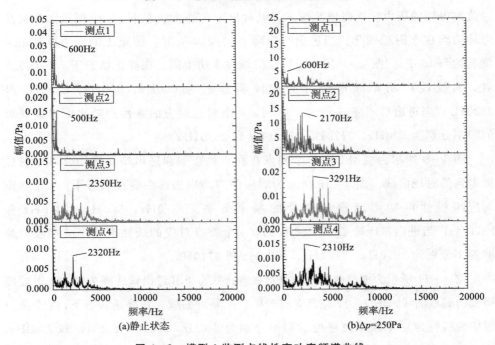

(a)静止状态　　　　　　　　　　　　(b)Δp=250Pa

图 4-8　模型 1 监测点线性声功率频谱曲线

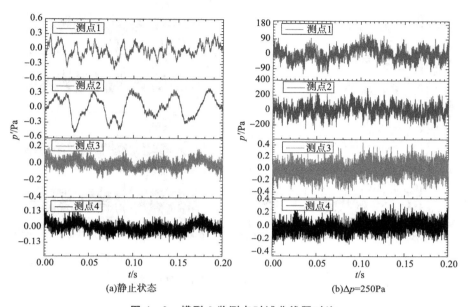

(a)静止状态　　　　　　　　　　(b)Δp=250Pa

图 4-9　模型 2 监测点时域曲线图对比

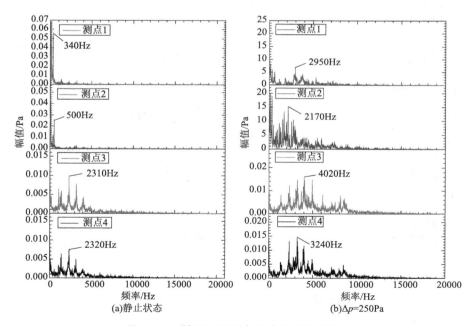

(a)静止状态　　　　　　　　　　(b)Δp=250Pa

图 4-10　模型 2 监测点线性声功率谱曲线

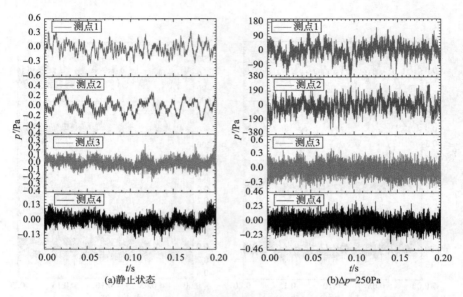

(a)静止状态   (b)Δp=250Pa

图 4-11 模型 3 监测点时域曲线图对比

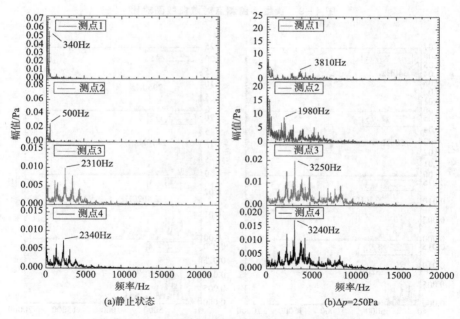

(a)静止状态   (b)Δp=250Pa

图 4-12 模型 3 监测点线性声功率频谱曲线

图 4-13 所示为实验测得的三种模型在不同流速下对应的压降。对比分析发现，在相同流速下，模型 3 的压降比模型 1 和模型 2 的压降要低。

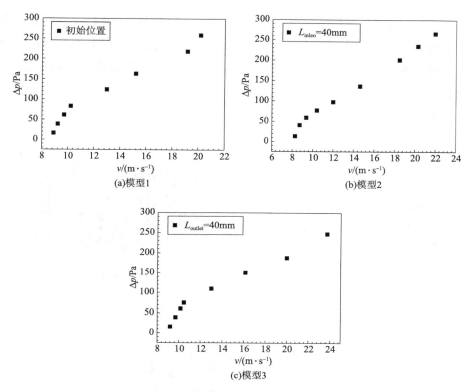

图 4-13 不同模型在不同流量下对应的压降

图 4-14 所示为模型 1、模型 2 和模型 3 在 $v=10\text{m} \cdot \text{s}^{-1}$ 和 $v=15\text{m} \cdot \text{s}^{-1}$ 时不同测点测得的声压级。随着流量的增大，不同位置处测得的声压级也在增大。当 $v=10\text{m} \cdot \text{s}^{-1}$ 时，测点 2 处的声压为 122.7dB，考虑扩张腔内噪声的衰减，测点 1 处的声压要高于测点 2。考虑外声场的辐射，测点 3 和测点 4 测得的声压是相近的。

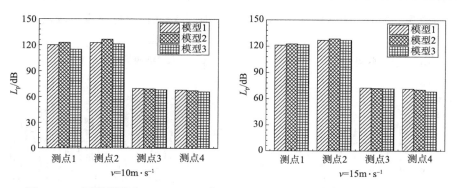

图 4-14 不同模型在 $v=10\text{m} \cdot \text{s}^{-1}$、$v=15\text{m} \cdot \text{s}^{-1}$ 时不同测点测得的声压级

图 4-15 所示为模型 1 在不同压降下的 1/3 倍频程声压级曲线和声功率谱。当管道内的压降为 0 时，流噪声很低。当压降从静止状态增加到 100Pa 时，流噪声迅速增加近 30dB，尤其是高频段增加幅度尤为明显。当压降从 100Pa 增加到 250Pa 时，流噪声增加了近 10dB。

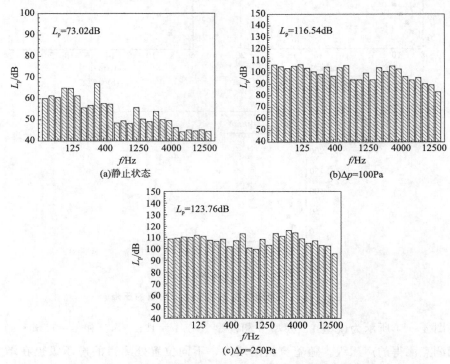

图 4-15　模型 1 在不同压降情况下的 1/3 倍频程声压级曲线

图 4-16 和图 4-17 为模型 2 和模型 3 在不同压降下的 1/3 倍频程声压级曲线。与模型 1 相比，模型 2 和模型 3 的高频噪声较低，但低频噪声较高。

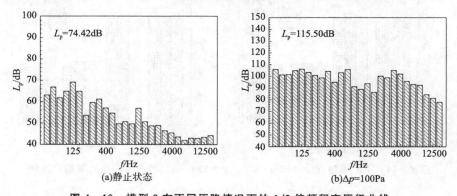

图 4-16　模型 2 在不同压降情况下的 1/3 倍频程声压级曲线

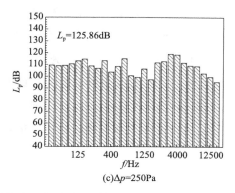

(c)Δp=250Pa

图 4-16　模型 2 在不同压降情况下的 1/3 倍频程声压级曲线（续）

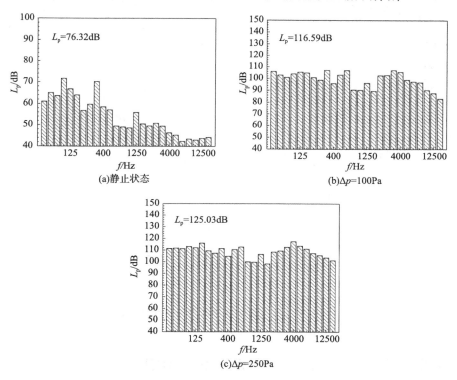

(a)静止状态　　　　　　　　　(b)Δp=100Pa

(c)Δp=250Pa

图 4-17　模型 3 在不同压降情况下的 1/3 倍频程声压级曲线

4.5.4　协同性分析

图 4-18 所示为模型 1、模型 2 和模型 3 的出口声压级和场协同角随速度的变化，其中出口声压级由实验测得，协同角根据第 3 章的数值模拟计算得到，用来

表征流场和声场之间的协同关系。可以看出，3 个模型的出口声压级和协同角都随流速的增加而增加。当 $v = 20\text{m} \cdot \text{s}^{-1}$ 时，模型 1 的出口声压为 123.76dB，模型 2 的出口声压为 124.97dB，模型 3 的出口声压为 122.63dB；与模型 1 和模型 2 相比，模型 3 的协同角最小，对应的流噪声也最低；此时，模型 3 的压降比模型 1 的压降小 37.3%，比模型 2 的压降小 24.7%。这表明随着协同角的增加，出口流噪声也在增加，但是出口插入段在保证较小压降的前提下可以有效降低流噪声。

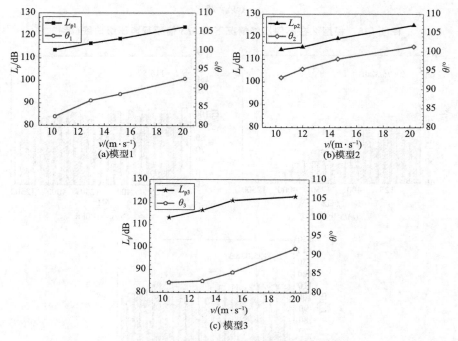

图 4 - 18　声压级和场协同角随速度的变化

4.5.5　不同延伸段对出口声压级的影响

图 4 - 19 所示为不同延伸段出口处的声压级随流速的变化。图 4 - 19 (a) 为 3 组模型的对比，即进出口插入段为 0mm（$L_{inlet} = 0\text{mm}$，$L_{inlet} = 0\text{mm}$），出口插入段 20mm（$L_{inlet} = 0\text{mm}$，$L_{outlet} = 20\text{mm}$），以及进口插入段 20mm（$L_{inlet} = 20\text{mm}$，$L_{inlet} = 0\text{mm}$）。对比发现，当流速较小时，三者的出口声压差别并不大；随着流速增大，出口声压增高，而进口插入段距离 $L_{inlet} = 20\text{mm}$ 时的出口声压最低。

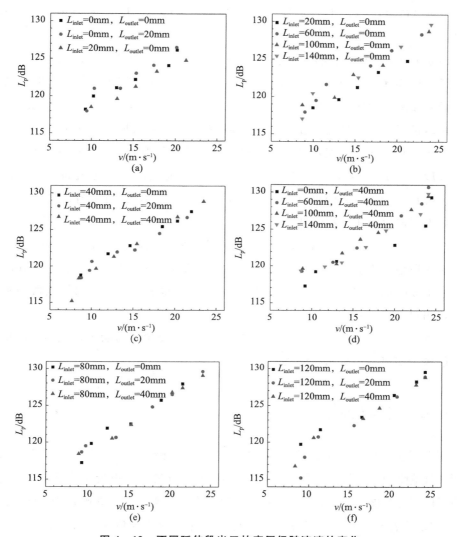

图 4-19　不同延伸段出口的声压级随流速的变化

图 4-19(b)为 4 组模型的对比，保持出口插入段距离 $L_{outlet}=0$mm 不变，进口插入段距离 L_{inlet} 从 20mm、60mm、100mm、140mm 依次变化。从图中可以看出，进口插入段距离的增大并未明显降低出口声压，此时仍是 $L_{inlet}=20$mm 时的出口声压最低，当流速较低时，$L_{inlet}=140$mm 时的出口声压要低于 $L_{inlet}=100$mm 时的出口声压，当流速增大后，$L_{inlet}=140$mm 时的出口声压最高。

图 4-19(c)为 3 组模型的对比。保持进口插入段距离 $L_{inlet}=40$mm 不变，出口插入段距离 L_{outlet} 从 0mm、20mm、40mm 依次变化。从图中可以看出，$L_{outlet}=$

20mm 的出口声压略低于 $L_{outlet}=0$mm，当流速较低时，$L_{outlet}=40$mm 的出口声压最低。

图 4-19(d)为 4 组模型的对比，保持出口插入段距离 $L_{outlet}=40$mm 不变，进口插入段距离 L_{inlet} 从 0mm、60mm、100mm、140mm 依次变化。此时，随着进口插入段距离的增大，出口声压增大，并且进口插入段距离 $L_{inlet}=0$mm 时的出口声压最低，也就是说，进口插入段距离的增大并不能降低流噪声。

图 4-19(e)为 3 组模型的对比。保持进口插入段距离 $L_{inlet}=80$mm 不变，出口插入段距离 L_{outlet} 从 0mm、20mm、40mm 依次变化。当流速较高时，$L_{outlet}=20$mm 和 $L_{outlet}=40$mm 的出口声压均低于 $L_{outlet}=0$mm，此时随着出口插入段距离的增大，出口声压略有降低。

图 4-19(f)为 3 组模型的对比。保持进口插入段距离 $L_{inlet}=120$mm 不变，出口插入段距离 L_{outlet} 从 0mm、20mm、40mm 依次变化。此时，$L_{outlet}=20$mm 和 $L_{outlet}=40$mm 的出口声压也均小于 $L_{outlet}=0$mm，也就是说，出口插入段距离增大后，出口声压也随之降低。

总的来说，进口插入距离的增大并不能明显降低出口流噪声，但出口距离的增大能较为明显地降低出口流噪声。

4.6 本章小结

本章对扩张腔管道中的噪声传播过程进行了实验测量，得到了不同测点测得的管内外流噪声频谱特性，研究了不同插入长度和压降对噪声传递的影响，从流场和声场匹配的角度研究了流噪声在扩张腔管道内的传递过程。得到主要结论如下：

（1）随着流速的增加，扩张腔出口处的声压级和协同角均增大，随着协同角的增加，出口流噪声也增加；而声能传递随着场协同角的增大而减小。

（2）与模型 1 和模型 2 相比，模型 3 的协同角最小，对应的流噪声也最低；此时，模型 3 的压降比模型 1 的压降小 37.3%，比模型 2 的压降小 24.7%。这表明出口插入段在保证较小压降的前提下可以有效降低流噪声。

（3）当进出口压降增加到 100Pa 时，流动噪声迅速增加近 30dB，尤其是高频段增幅更大。当压降从 100Pa 增加到 250Pa 时，流动噪声增加近 10dB。

（4）进口插入距离的增大并不能明显降低出口流噪声，但出口距离的增大能较为明显地降低出口流噪声。

5 连续螺旋及恒定截面通道内绕管流动噪声及换热特性研究

当空气流经管束时，不仅会在管道内发生声波的反射和折射，也会在管道外壁面产生压力脉动引发流噪声，因此为了进一步探究声波在换热器内的产生和传递过程，本章根据连续螺旋折流板管壳式换热器壳侧流道结构的特点，抽象出矩形截面连续螺旋及恒定截面直通道内绕管流作为流动噪声研究的模型，通过数值模拟来研究螺旋角和压降等因素对流噪声、压降及换热的影响，为连续螺旋折流板管壳式换热器设计提供参考。

5.1 连续螺旋通道内绕管流数值计算物理模型

5.1.1 物理模型

连续螺旋折流板管壳式换热器的壳侧结构如图 5-1 所示。

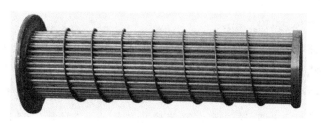

图 5-1 连续螺旋折流板管壳式换热器的壳侧结构

考虑连续螺旋折流板管壳式换热器内流体复杂的流动问题，需先对流体进行流动简化，本章首先忽略了折流板与换热管之间、折流板与壳体之间的泄漏流，管束与壳体之间的旁路流，那么壳侧的理想流动可以简化为连续螺旋通道内流体绕管束的流动问题，如图 5-2 所示。

图 5 - 2　壳侧流动简化模型

　　为了使流体绕管束流动前处于充分发展的螺旋流状态，本章选择 3 个周期的螺旋通道进行数值模拟研究。换热管处于螺旋通道第 2.5 个周期的正中间位置，换热管外直径 d_o＝10mm，螺旋段内圆直径为 $4d_o$，螺旋段外圆直径为 $16d_o$，矩形横截面高度为 $4d_o$，为了保证流体充分发展，在螺旋通道的进口和出口处沿切线方向进行延伸，进口延伸段为 $5d_o$、出口延伸段为 $25d_o$。

　　为了探究螺旋角对流动换热及气动噪声的影响，本章针对单管绕流模型构建了 4 种不同螺旋角的螺旋通道，其中螺旋角的定义为：

$$\tan(\beta) = P_b / (\pi D_i) \tag{5-1}$$

式中　　P_b——螺距，m；

　　　　D_i——壳体内直径，m。

　　本章共研究了 4 种不同螺旋角：7.5°、15°、30°和 40°，图 5 - 3 所示为螺旋角 β＝7.5°时螺旋通道单管绕流模型的结构示意。

　　本章根据单管绕流的计算结果又建立了螺旋通道管束绕流计算模型和直通道管束绕流计算模型。螺旋通道管束绕流模型如图 5 - 4 所示，各尺寸与单管绕流模型保持一致，仅将中间部位单管换成交错方式排列的管束，换热管的水平间距 S_1＝15mm、垂直间距 S_2＝15mm。直通道管束绕流模型如图 5 - 5 所示，总共布置了五排换热管在通道中间，换热管布置方式与螺旋通道管束绕流模型一致。为了充分考虑进出口的影响，入口和出口分别距离管中心 $10d_o$ 和 $30d_o$，通道宽度和高度与螺旋通道保持一致，分别为 $6d_o$ 和 $4d_o$。

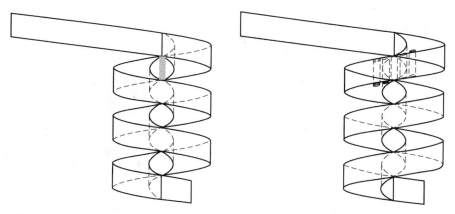

图 5-3 连续螺旋通道内单管模型   图 5-4 连续螺旋通道内管束模型

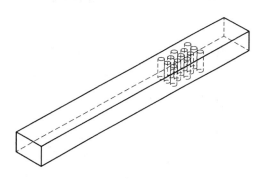

图 5-5 直通道内管束模型

5.1.2 网格划分与独立性考核

采用 ProE 建立三维几何模型，导入 ICEM 进行网格划分，对于连续螺旋通道内单管模型进行结构化网格划分。考虑结构的复杂情况，对于连续螺旋通道内管束模型采用非结构化网格划分。对管束壁面附近的网格进行加密，以适应壁面函数法的要求。连续螺旋通道内单管计算模型的整体网格和局部网格如图 5-6 所示。不同螺旋通道的模型采用相同的 block 划分，因此对其中一个模型进行网格独立性检验后可以推广到其他模型。本书选定螺旋角 $\beta = 7.5°$ 的模型进行网格无关性验证，结果见图 5-7。可以看出，当网格数达到 792630 时，压降和努塞尔数变化较小，因此选定该套网格。

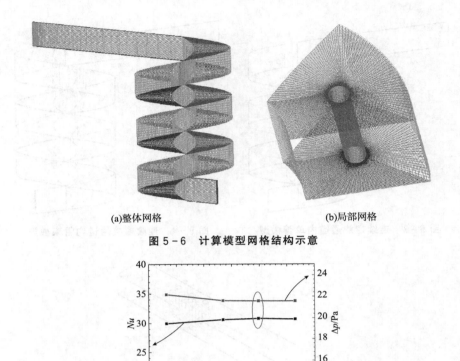

(a)整体网格   (b)局部网格

图 5-6   计算模型网格结构示意

图 5-7   网格无关性验证

5.1.3   流场数值计算方法

流动和换热求解采用商业软件 FLUENT，采用有限容积法对各个控制方程进行离散，压力梯度离散格式采用标准格式，对流项以及其他各项均采用 QUICK 离散格式。速度压力解耦，稳态计算中采用 SIMPLE 格式，瞬态采样中采用 PISO 格式，对于流动方程和湍流输运方程，计算变量（u、v、w、p、k 和 ε）收敛条件为绝对残差小于 10^{-5}；对于温度场，计算变量（T）收敛条件为绝对残差小于 10^{-6}。计算时采用双精度压力基求解器，并行计算模式。

（1）控制方程

流动介质采用空气，由于流动速度相对较低，视为不可压缩，并且空气温度与换热管壁面最大温差保持 20 K，因此采用常物性，物性参数见表 5-1。

表 5 - 1 空气热物性(定性温度 318 K)

参数项	单位	数值
ρ	kg·m^{-3}	1.1105
c_p	J·kg^{-1}·K^{-1}	1005
μ	kg·m^{-1}·s^{-1}	1.935×10^{-5}
λ	W·m^{-1}·K^{-1}	0.02795

流动与传热的控制方程如下。

连续方程:

$$\frac{\partial}{\partial x_i}(\rho u_i)=0 \tag{5-2}$$

动量方程:

$$\frac{\partial u_i u_j}{\partial x_i}=-\frac{1}{\rho}\cdot\frac{\partial p}{\partial x_i}+\frac{\partial}{\partial x_j}\left[(\nu+\nu_t)\left(\frac{\partial u_j}{\partial x_i}+\frac{\partial u_i}{\partial x_j}\right)\right] \tag{5-3}$$

能量方程:

$$\frac{\partial u_i T}{\partial x_i}=\rho\frac{\partial}{\partial x_i}\left[\left(\frac{\nu}{Pr}+\frac{\nu_t}{Pr_t}\right)\frac{\partial T}{\partial x_i}\right] \tag{5-4}$$

湍动能 k 方程:

$$\frac{\partial u_i k}{\partial x_i}=\frac{\partial}{\partial x_i}\left[\left(\nu+\frac{\nu_t}{\sigma_k}\right)\frac{\partial k}{\partial x_i}\right]+\Gamma-\varepsilon \tag{5-5}$$

湍流耗散率 ε 方程:

$$\frac{\partial u_i\varepsilon}{\partial x_i}=\frac{\partial}{\partial x_i}\left[\left(\nu+\frac{\nu_t}{\sigma_k}\right)\frac{\partial\varepsilon}{\partial x_i}\right]+c_1\Gamma\varepsilon-c_2\frac{\varepsilon^2}{k+\sqrt{\nu\varepsilon}} \tag{5-6}$$

其中:

$$\Gamma=-\overline{u_i u_j}\frac{\partial u_i}{\partial x_i}=\nu_t\left(\frac{\partial u_i}{\partial x_j}+\frac{\partial u_j}{\partial x_i}\right)\frac{\partial u_i}{\partial x_i} \tag{5-7}$$

$$\nu_t=c_\mu\frac{k^2}{\varepsilon} \tag{5-8}$$

模型参数如下:

$c_1=\max[0.43,\ \mu/(\mu_t+5)]$,$c_2=1.9$,$\sigma_k=1.0$,$\sigma_\varepsilon=1.2$,其中 c_μ 不再是一个常数,而是湍流度的函数。相对于标准 $k-\varepsilon$ 湍流模型和 RNG $k-\varepsilon$ 湍流模型,Realizable $k-\varepsilon$ 湍流模型能更准确地对涡流和旋流进行预测,综合相关文献并对比各种湍流计算模型,最终选用 Realizable $k-\varepsilon$ 湍流模型进行求解。

当稳态计算结束后,以此计算结果为初值进行瞬态采样,瞬态计算采用 LES

模型，设 $\bar{f}(x)$ 为一个瞬时流动变量，则其大尺度涡可通过加权积分来表示：

$$\bar{f}(x) = \int_D G(\boldsymbol{x}, \boldsymbol{x}') f(\boldsymbol{x}') \mathrm{d}\boldsymbol{x}' \qquad (5-9)$$

式中　D——流场计算区域，m^2；

　　　$\boldsymbol{x}'$——滤波前的向量；

　　　$\boldsymbol{x}$——滤波后的向量；

　　　G——滤波函数。

本章采用盒式滤波器：

$$G(\boldsymbol{x}, \boldsymbol{x}') = \begin{cases} \dfrac{1}{V}, & \boldsymbol{x}' \in V \\[2mm] 0, & \boldsymbol{x}' \notin V \end{cases} \qquad (5-10)$$

式中　V——控制体积，m^3。此时 $\bar{f}(x)$ 就是对网格单元的体积平均值。

经过滤波后的 $N-S$ 方程为：

$$\frac{\partial \bar{u}_i}{\partial t} + \frac{\partial}{\partial x_j}(\bar{u}_i \bar{u}_j) = -\frac{1}{\rho} \frac{\partial \bar{p}}{\partial x_i} + \nu \frac{\partial^2 \bar{u}_i}{\partial x_{j2}} - \frac{\partial \tau_{ij}}{\partial x_j} \qquad (5-11)$$

式中　u_i——速度分量，$\mathrm{m/s}$；

　　$\bar{u}_i \bar{u}_j$——滤波后的速度分量，$\mathrm{m/s}$；

　　　τ_{ij}——亚格子尺度雷诺应力，$\mathrm{m}^2/\mathrm{s}^2$，$\tau_{ij} = \overline{u_i u_j} - \bar{u}_i \bar{u}_j$，反映了大尺度涡和
　　　　　小尺度涡的作用。

本章采用涡黏性亚格子尺度模型，τ_{ij} 的定义如下：

$$\tau_{ij} - \frac{1}{3} \delta_{ij} \tau_{kk} = -2\nu_{\mathrm{sgs}} \bar{\boldsymbol{S}}_{ij} \qquad (5-12)$$

式中　ν_{sgs}——亚格子尺度动力黏度，m^2/s；

　　　$\overline{\boldsymbol{S}_{ij}}$——雷诺尺寸应变张量，$\mathrm{s}^{-1}$，$\bar{\boldsymbol{S}}_{ij} = \dfrac{1}{2}\left(\dfrac{\partial \bar{u}_i}{\partial x_j} + \dfrac{\partial \bar{u}_j}{\partial x_i}\right)$。

根据 Smagorinsky-Lilly 模型：

$$\nu_{\mathrm{sgs}} = L_s^2 \sqrt{2\bar{\boldsymbol{S}}_{ij} \bar{\boldsymbol{S}}_{ij}} \qquad (5-13)$$

$$L_s = \min(\kappa d, \ C_s \Delta) \qquad (5-14)$$

式中　L_s——混合长度，m；

　　　κ——卡门常数，$\kappa = 0.4$；

　　　d——近壁面距离，m；

　　　C_s——Smagorinsky 常数，$C_s = 0.1$；

　　　Δ——局部网格尺寸，m，$\Delta = V^{1/3}$。

最后，$N\text{-}S$ 方程可以表示为：

$$\frac{\partial \bar{u}_i}{\partial t}+\frac{\partial}{\partial x_j}(\bar{u}_i\,\bar{u}_j)=-\frac{1}{\rho}\frac{\partial\left(\bar{p}+\frac{1}{3}\delta_{ij}\overline{u'_k u'_k}\right)}{\partial x_i}+\frac{\partial}{\partial x_j}\left[(\nu+\nu_{sgs})\left(\frac{\partial \bar{u}_i}{\partial x_j}+\frac{\partial \bar{u}_j}{\partial x_i}\right)\right]$$

$$(5-15)$$

基于此就可以得到瞬态流场的压力脉动信息，从而进行瞬态采样，为下一步流噪声的计算做准备。

（2）边界条件

通道入口：

$$\begin{cases} u=\text{const}，v=w=0\,(均匀速度入口)\\ T_{in}=308\text{K}\,(恒定入口温度)\\ I=\text{const}\,(恒定湍流度) \end{cases}$$

通道出口：

$$\begin{cases} p_{out}=\text{const}\,(恒定压力出口)\\ \partial u/\partial n=\partial v/\partial n=\partial w/\partial n=0\\ \partial T/\partial n=\partial k/\partial n=\partial \omega/\partial n=0\,(管束模型中 \partial\varepsilon/\partial n=0)\\ n\ 为出口截面外法线方向 \end{cases}$$

换热管壁面：

$$\begin{cases} u=v=w=0\\ T_{tube}=328\text{K}\,(恒定壁温) \end{cases}$$

通道壁面：

$$\begin{cases} u=v=w=0\\ q=0\,(绝热) \end{cases}$$

5.1.4　声场数值计算方法

基于流体力学中经典的 $N\text{-}S$ 方程，Lighthill 从研究喷气噪声开始，通过推导得到著名的 Lighthill 方程：

$$\frac{\partial^2 \rho'}{\partial t^2}-c_0{}^2\frac{\partial^2 \rho'}{\partial x_i{}^2}=\frac{\partial^2 T_{ij}}{\partial x_i \partial x_j}\qquad(5-16)$$

式中，$T_{ij}=\rho v_i v_j+(p'-c_0{}^2\rho')\delta_{ij}-\sigma_{ij}$，称为莱特希尔张量。对于高雷诺数来说，可以忽略 $(p'-c_0{}^2\rho')\delta_{ij}$，并且对于等熵条件，也可以忽略 σ_{ij}，再定义格林函数：

$$G_0(t,x\,|\,\tau,y\,|)=\frac{\delta(t-\tau-|x-y|)}{4\pi c_0^2\,|x-y|}\qquad(5-17)$$

可以得到此方程的解为：

$$4\pi c_0{}^2 \rho'(x,t) = \frac{\partial^2}{\partial x_i \partial x_j} \iiint_V \left[\frac{T_{ij}}{|x-y|} \right] d^3 y \qquad (5-18)$$

柯尔进一步得到了考虑固体壁面的气动声学类比方程，其解为：

$$4\pi c_0{}^2 \rho'(x,t) = \frac{\partial^2}{\partial x_i \partial x_j} \iiint_V \left[\frac{T_{ij}}{|x-y|} \right] d^3 y + \frac{\partial}{\partial x_i} \iint_{\partial V} \left[\frac{p' n_i}{|x-y|} \right] d^2 y \qquad (5-19)$$

式（5 - 19）等号右边第一项是四极子声源，第二项是偶极子声源。其远场声压解为：

$$p'(x,t) = \frac{x_i x_j}{4\pi |x| c_0{}^2} \frac{d^2}{dt^2} \left\{ \iiint_V \frac{T_{ij}}{r} d^3 y \right\}_{t-r/c_0} - \frac{x_j}{4\pi |x| c_0} \frac{d}{dt} \left\{ \iint_V \frac{p n_j}{r} d^2 y \right\}_{t-r/c_0}$$

$$(5-20)$$

式（5 - 20）等号右边第一项是四极子声源，表征由空间湍流所引起的四极子噪声，当气流马赫数较低时可以忽略；第二项为偶极子声源，表征由壁面压力脉动引起的偶极子噪声。

基于声比拟理论，认为声源区的尺度要小于所发声波的波长，即紧致声源，只从单个声源考虑它们的辐射特性。一般来讲，单极子只存在于气流速度低时的不稳定状态，通常可以忽略；偶极子声源发生于气流速度较高的情况下，比如当气流遇到阻碍物（如固体、管束、阀门等），此时偶极子辐射声功率与气流流速的 6 次方成正比；四极子声源则存在于马赫数较高时，此时四极子的辐射声功率大小与气流流速的 8 次方成正比。本文针对的是管束绕流噪声问题，此时气流马赫数较低，四极子声源可以不予考虑，仅需考虑流体流经管束时由压力波动引起的固定壁面上的偶极子噪声源。

采用固定壁面上的偶极子声源作为声学边界条件，待流场计算结果稳定后，以此为初值进行瞬态采样，根据采样定律，具体采样参数见表 5 - 2。

表 5 - 2　采样参数

参数项	数值
时间步长/s	0.0001
采样频率/Hz	10，000
最大分析频率/Hz	5000
采样步数	3000
物理时间/s	0.3
频率分辨率/Hz	3.33

采用 LES 湍流模型，计算得到换热管及通道壁面附近的压力脉动，以此作为声源导入 LMS Virtual. Lab 中进行声学计算，其计算流程如图 5-8 所示。

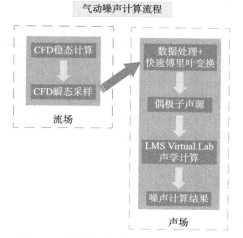

图 5-8 单管及管束绕流噪声计算流程

5.1.5 数值计算方法有效性验证

对于流场的验证，分别对进口处的速度分布和平均努塞尔数 Nu_m 与文献中螺旋通道单管绕流的计算结果进行了对比，如图 5-9 所示。可以看出，计算结果与文献结果具有很好的一致性，数值模拟得到的管束壁面平均努塞尔数 Nu_m 与文献结果偏差均在 7% 以内，因此证明了本章所采用的数值方法是可靠的，可以用来模拟流场。

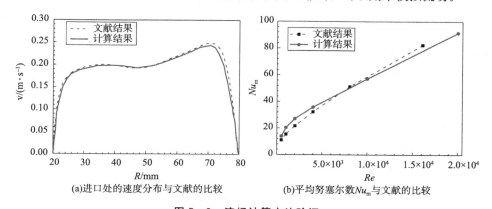

(a)进口处的速度分布与文献的比较 (b)平均努塞尔数Nu_m与文献的比较

图 5-9 流场计算方法验证

为了进行声场验证，针对经典的单管绕流问题，计算得到固定测点位置处的声压级，并与文献中的实验结果进行比较，结果见表 5-3。可知：两个测点位置计算得到的声压级与实验结果的相对误差分别为 1.5% 和 3.2%，计算结果与实验结果吻合较好。因此上述两种验证相结合，证明了螺旋通道内单管绕流的流场和声场模拟方法的有效性。

表 5 – 3　声场计算方法验证

与文献的声压级对比		
位置	1	2
计算结果/dB	113.94	101.17
实验结果/dB	115.72	104.53
相对误差/%	1.5	3.2

5.1.6　数据处理方法

换热管壁面平均努塞尔数：

$$Nu_{\mathrm{m}} = \frac{\int_{-\pi}^{\pi} Nu_\theta \,\mathrm{d}\theta}{2\pi}, \quad \overline{Nu_{\mathrm{m}}} = \frac{\int_{t_0}^{t_1} Nu_{\mathrm{m}}(t)\,\mathrm{d}t}{t_1 - t_0} \tag{5-21}$$

换热管束壁面平均努塞尔数：

$$Nu_{\mathrm{m}} = \frac{h d_{\mathrm{o}}}{\lambda} \tag{5-22}$$

$$h = \frac{\Phi}{A_{\mathrm{o}} \Delta T_{\mathrm{LMTD}}} = \frac{m c_{\mathrm{p}}(T_{\mathrm{out}} - T_{\mathrm{in}})}{A_{\mathrm{o}} \dfrac{(T_{\mathrm{wall}} - T_{\mathrm{in}}) - (T_{\mathrm{wall}} - T_{\mathrm{out}})}{\ln\left(\dfrac{T_{\mathrm{wall}} - T_{\mathrm{in}}}{T_{\mathrm{wall}} - T_{\mathrm{out}}}\right)}} = \frac{m c_{\mathrm{p}}}{A_{\mathrm{o}}} \ln\left(\frac{T_{\mathrm{wall}} - T_{\mathrm{in}}}{T_{\mathrm{wall}} - T_{\mathrm{out}}}\right) \tag{5-23}$$

式中　A_{o}——换热管束外表面积，m^2；

m——空气质量流量，$\mathrm{kg \cdot s^{-1}}$；

T_{in}——进口截面平均温度，K；

T_{out}——出口截面平均温度，K；

T_{wall}——管束壁面温度，K。

连续螺旋通道内流体流动的雷诺数 Re 定义为：

$$Re = \frac{\rho v d_{\mathrm{o}}}{\mu}（单管） \tag{5-24}$$

$$Re = \frac{\rho d_{\mathrm{o}}}{\mu} \cdot \frac{v}{1 - d_{\mathrm{o}}/p_{\mathrm{t}}}（管束） \tag{5-25}$$

式中　p_{t}——管束交错排列时的管间距，m。

5.2 单管绕流计算结果与讨论

5.2.1 流场计算结果

本章计算了 4 种螺旋角（$\beta=7.5°$、$\beta=15°$、$\beta=30°$ 和 $\beta=40°$）对应的 4 种模型在不同雷诺数（$Re=2000$、$Re=4000$、$Re=6000$、$Re=10000$）下的流场。

图 5-10 所示为计算得到的 $\beta=7.5°$ 和 $\beta=15°$ 时轴向截面上的压力、速度和协同角分布。由于不同雷诺数下的分布趋势相似，所以只给出了 $Re=2000$ 的云图。可以看出，流体在绕单管前，来流沿径向存在压力和速度梯度，且不同螺旋角通道内压力和速度分布相似，协同角在通道出口处较大并且在单管附近变化剧烈。

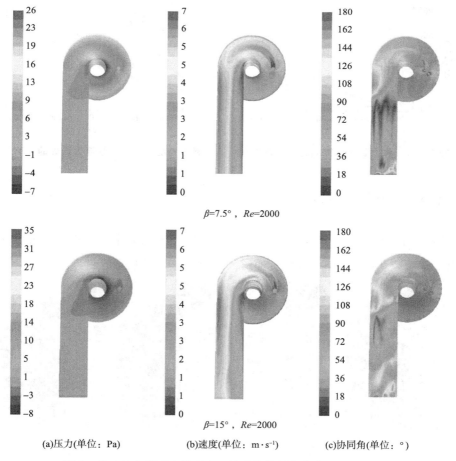

$\beta=7.5°$，$Re=2000$

$\beta=15°$，$Re=2000$

(a)压力(单位：Pa)　　　　(b)速度(单位：m·s⁻¹)　　　　(c)协同角(单位：°)

图 5-10　轴向截面上的压力、速度和协同角分布（$Re=2000$）

螺旋通道内单位长度压降随雷诺数的变化如图 5-11 所示。可以看出，随着雷诺数的增加，4 种螺旋通道的进出口单位压降也随之增大。当雷诺数较小时，4 种螺旋通道对应的单位压降差别不大，但当雷诺数增大到 10000 时，$\beta=40°$ 的螺旋通道单位压降远大于其他通道，而 $\beta=7.5°$ 的螺旋通道单位压降最小。

换热管努塞尔数随雷诺数的变化如图 5-12 所示，4 种螺旋通道的努塞尔数均随着雷诺数的增大而增大。同样的，当雷诺数较小时，4 种螺旋通道对应的努塞尔数差别也不大，但当雷诺数增大到 10000 时，$\beta=40°$ 的螺旋通道的努塞尔数最大，而 $\beta=7.5°$ 的螺旋通道的努塞尔数最小。总体来说，随着螺旋角的增大，努塞尔数随之增大，换热效果随着增强，但单位压降也随之增大，阻力损失也随之增大。

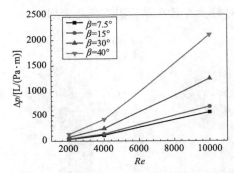 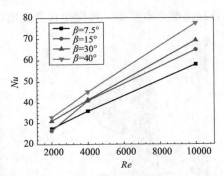

图 5-11　单位长度压降随雷诺数的变化　　图 5-12　努塞尔数随雷诺数的变化

5.2.2　声场计算结果

图 5-13 所示为 $Re=2000$ 时不同螺旋通道在不同频率下的声压分布。可以看出，随着频率的增大，4 种螺旋通道的出口声压均呈减小的趋势。

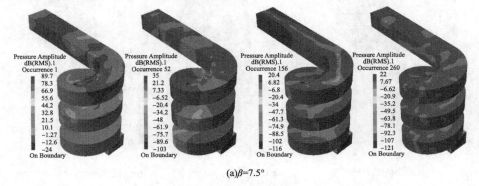

(a)$\beta=7.5°$

图 5-13　不同频率下的声压分布($Re=2000$)

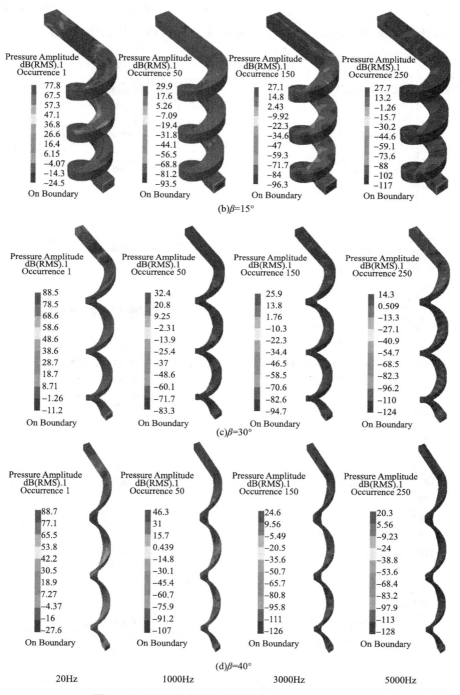

图 5-13 不同频率下的声压分布(Re=2000)(续)

图 5-14～图 5-17 所示为 $Re=2000$、$Re=4000$ 和 $Re=10000$ 时不同螺旋通道出口处的声压响应曲线。可知：4 种螺旋通道出口的低频噪声均高于高频噪声，并且雷诺数越大，声压级越高。

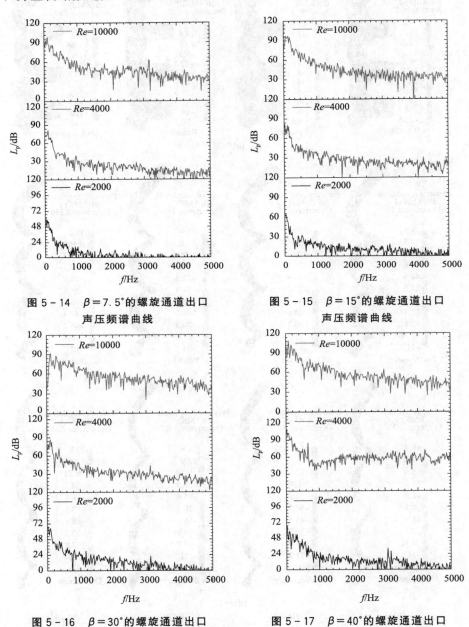

图 5-14　$\beta=7.5°$ 的螺旋通道出口
声压频谱曲线

图 5-15　$\beta=15°$ 的螺旋通道出口
声压频谱曲线

图 5-16　$\beta=30°$ 的螺旋通道出口
声压频谱曲线

图 5-17　$\beta=40°$ 的螺旋通道出口
声压频谱曲线

对于 $\beta = 7.5°$ 的螺旋通道出口声压频谱曲线，当 $Re = 2000$ 时，其出口噪声基本在频率为 3000Hz 以后衰减掉；当 $Re = 4000$ 时，高频段的声压级基本在 20dB 以下，并且变化幅度不大；当 $Re = 10000$ 时，虽然高频噪声要低于低频噪声，而且高频段的大部分声压级均低于 60dB，但在 3160Hz 时出现峰值 63.37dB。

对于 $\beta = 15°$ 的螺旋通道出口声压频谱曲线，当 $Re = 2000$ 时，高频段的声压级基本在 10dB 左右变化；当 $Re = 4000$ 时，高频段的声压级基本在 30dB 以下，并且变化幅度不大；当 $Re = 10000$ 时，高频噪声要低于低频噪声，而且高频段的大部分声压级低于 60dB，但在 3960Hz 时出现声压骤减。

对于 $\beta = 30°$ 的螺旋通道出口声压频谱曲线，当 $Re = 2000$ 时，高频段的声压级基本在 15dB 左右变化，并且在 3000～4000Hz 出现小波峰；当 $Re = 4000$ 时，高频段的声压级基本在 40dB 以下，并且变化幅度不大；当 $Re = 10000$ 时，同样的高频噪声要低于低频噪声，而且高频段的大部分声压级在 60dB 附近变化，但在 3000Hz 时出现声压骤减。

对于 $\beta = 40°$ 的螺旋通道出口声压频谱曲线，当 $Re = 2000$ 时，其出口噪声基本在频率为 4000Hz 时衰减掉；当 $Re = 4000$ 时，声压随频率呈先降低后增大的趋势，高频段的声压级基本在 60dB 左右变化；当 $Re = 10000$ 时，同样的高频噪声要低于低频噪声，而且高频段的大部分声压级在 60dB 附近变化。

图 5-18 所示为 $Re = 10000$ 时不同螺旋通道出口处的声压响应曲线，对比 $\beta = 7.5°$ 和 $\beta = 30°$ 的螺旋通道出口声压，虽然 $\beta = 7.5°$ 的螺旋通道有部分低频段声压级高于 $\beta = 30°$ 的螺旋通道，但绝大部分频段声压级均低于 $\beta = 30°$。对比 $\beta = 15°$ 和 $\beta = 40°$ 的螺旋通道出口声压可以发现，$\beta = 40°$ 的螺旋通道出口声压均高于 $\beta = 15°$ 的螺旋通道。

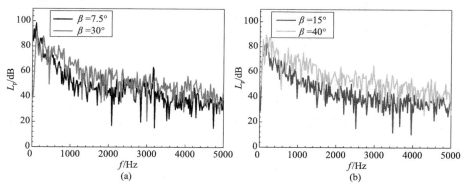

图 5-18　不同螺旋通道出口处的声压响应曲线（$Re = 10000$）

5.2.3　协同性分析

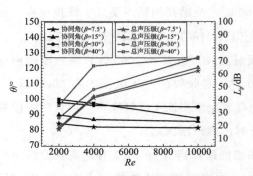

图 5-19　协同角和声压级随雷诺数的变化

图 5-19 所示为不同螺旋通道的出口声压级和体平均协同角随雷诺数的变化。可以看出，随着雷诺数的增大，出口声压随之增大，但协同角逐渐减小。但在相同雷诺数下，声压越大，场协同角也越大。

当 $Re=2000$ 和 $Re=4000$ 时，随着螺旋角的增大，单位压降随之增大，声压级也随之增大。但当 $Re=10000$ 时，随着螺旋角从 7.5°增加至 30°，单位压降随之增大，声压级也随之越大；当螺旋角从 30°增加至 40°时，单位压降却随之减小，对应的声压级也随之减小，此时 4 种螺旋通道出口声压级均达到最大值，其中 $\beta=7.5°$ 的螺旋通道出口声压级为 62.54dB，$\beta=15°$ 的螺旋通道出口声压级为 65.20dB，$\beta=30°$ 的螺旋通道出口声压级为 73.02dB，$\beta=40°$ 的螺旋通道出口声压级为 72.06dB。随着雷诺数的增大，$\beta=7.5°$、$\beta=15°$ 和 $\beta=30°$ 的声压级增长幅度基本接近，但当雷诺数从 4000 增长至 10000 时，$\beta=40°$ 的螺旋通道出口声压级的增长幅度最小，甚至比 $\beta=30°$ 的螺旋通道出口声压级低 13%。

综合分析协同角和流场对流噪声的影响，当 Re 增大时，偶极子的辐射声功率与流速的 6 次方成正比，此时流速对流噪声的影响起主导作用。但当 Re 一定时，流场和声场的协同角影响声能的传递，此时协同性越好，出口声压也越低。

5.3　管束绕流计算结果与讨论

5.3.1　流场计算结果

根据单管绕流的计算结果，本节选取了直通道、$\beta=7.5°$ 的螺旋通道和 $\beta=40°$ 的螺旋通道三种模型进行管束绕流的计算（$Re=2000$、4000、8000、10000 和 20000）。

图 5-20 所示为 $Re=8000$ 和 $Re=20000$ 时直通道中间横截面上的压力、速度和协同角分布。可以看出，流体在绕管束前，压力和速度分布均匀，仅在壁面

附近有速度压力和速度梯度，并且流体在掠过管束后在换热管后方都会形成尾流区，这是由于流动发生脱体的原因。协同角分布在通道入口处最大，在流体掠过管束前后的区域均变小，尤其在流体略过管束后的区域最小，之后沿着流动方向逐渐增大。

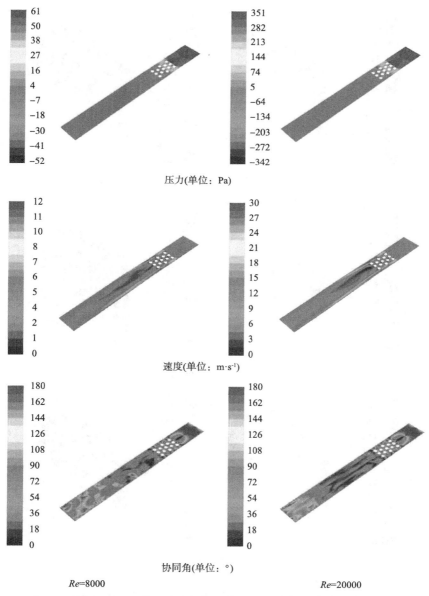

压力(单位：Pa)

速度(单位：m·s⁻¹)

协同角(单位：°)

Re=8000　　　　　　　　　　　　　　　Re=20000

图5-20　直通道中间截面上的压力、速度和协同角分布

图 5-21 所示为 $Re=8000$ 和 $Re=20000$ 时 $\beta=7.5°$ 的螺旋通道中间截面上的压力、速度和协同角分布。可以看出，流体在绕管束前，来流沿径向和流动方向存在压力和速度梯度，协同角在通道进口和出口处局部区域较大，其余均在 $90°$ 附近变化。

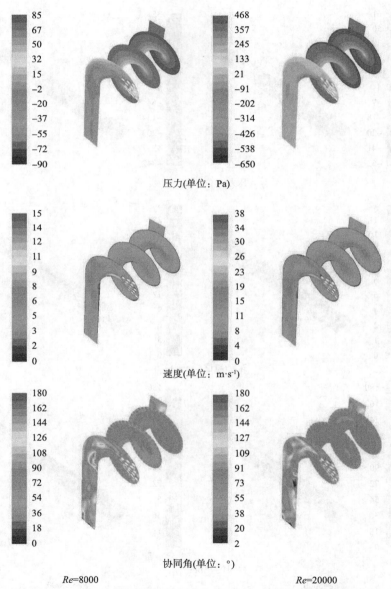

图 5-21 $\beta=7.5°$ 的螺旋通道中间截面上的压力、速度和协同角分布

图 5-22 所示为 $Re=8000$ 和 $Re=20000$ 时 $\beta=40°$ 的螺旋通道中间截面上的压力、速度和协同角分布。可以看出，流体在绕管束前，来流沿径向和流动方向存在压力和速度梯度，协同角在通道进口处局部区域较大，但在通道出口处局部区域较小，其余区域也均在 90° 附近变化。

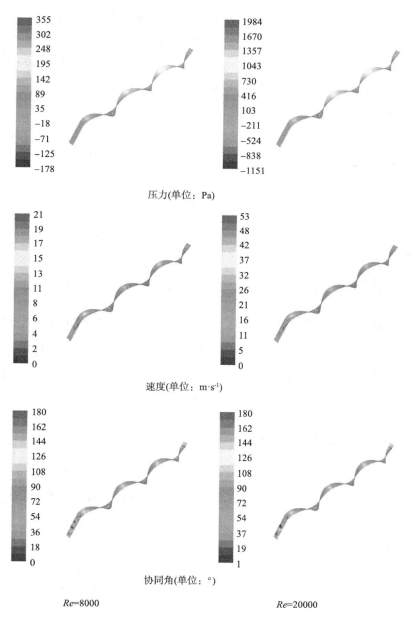

压力(单位：Pa)

速度(单位：m·s⁻¹)

协同角(单位：°)

$Re=8000$　　　　　　　　$Re=20000$

图 5-22　$\beta=40°$ 的螺旋通道中间截面上的压力、速度和协同角分布

图 5-23 所示为三种通道内单位长度压降随雷诺数的变化。可知：随着雷诺数的增加，三种通道的单位压降也随之增大，并且 $\beta=7.5°$ 的螺旋通道和直通道内的单位压降变化最为接近，而 $\beta=40°$ 的螺旋通道内的单位压降最大。

图 5-24 所示为三种通道的努塞尔数随雷诺数的变化。可知：随着雷诺数的增加，三种通道的努塞尔数均随着雷诺数的增大而增大。当雷诺数小于 10000 时，$\beta=40°$ 的螺旋通道和直通道的努塞尔数差别也不大，而 $\beta=7.5°$ 的螺旋通道的努塞尔数比直通道的努塞尔数高 $42\%\sim56\%$；当雷诺数大于 10000 时，$\beta=7.5°$ 的螺旋通道的努塞尔数最大，比直通道的努塞尔数高 34%，比 $\beta=40°$ 的螺旋通道的努塞尔数高 10%。

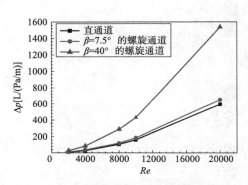

图 5-23　单位长度压降随雷诺数的变化　　　图 5-24　努塞尔数随雷诺数的变化

总体来说，$\beta=7.5°$ 的螺旋通道的单位压降与直通道接近，且相比之下努塞尔数最大；$\beta=40°$ 的螺旋通道内的单位压降最大，努塞尔数介于直通道和 $\beta=7.5°$ 的螺旋通道之间，并且雷诺数越大，努塞尔数也越大。

5.3.2　声场计算结果

图 5-25 所示为 $Re=4000$ 时直通道不同频率下的声压分布。可知：随着频率的增大，声压总体呈减小的趋势，并且来流管束前后的声压分布很均匀。当频率为 20Hz 时，入口声压要明显低于出口声压；当频率为 5000Hz 时，入口段有明显的的平面波分布。

图 5-26 所示为 $Re=4000$ 时 $\beta=7.5°$ 的螺旋通道不同频率下的声压分布。可知：随着频率的增大，声压总体也呈减小的趋势，并且在换热管后方存在部分声压减小的区域。

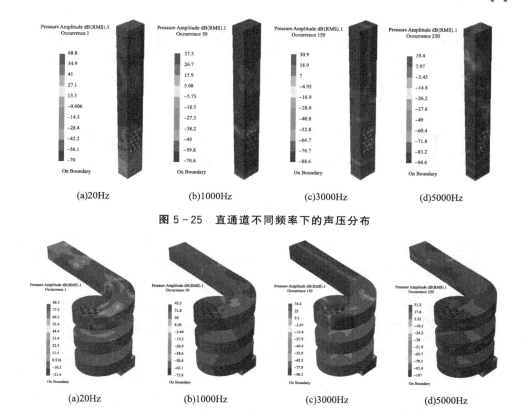

(a)20Hz　　　　　(b)1000Hz　　　　　(c)3000Hz　　　　　(d)5000Hz

图 5-25　直通道不同频率下的声压分布

(a)20Hz　　　　　(b)1000Hz　　　　　(c)3000Hz　　　　　(d)5000Hz

图 5-26　$\beta=7.5°$的螺旋通道不同频率下的声压分布

图 5-27 所示为 $Re=4000$ 时 $\beta=40°$ 的螺旋通道的声场计算结果。图 5-27(a)所示为经过快速傅里叶变化后的压力脉动，图 5-27(b)所示为对应频率下的声压分布。可知：随着频率的增大，声压总体也呈减小的趋势，但从 3000Hz 增至 5000Hz 时，总体声压有所增大。

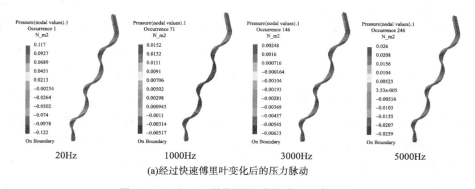

20Hz　　　　　1000Hz　　　　　3000Hz　　　　　5000Hz

(a)经过快速傅里叶变化后的压力脉动

图 5-27　$\beta=40°$的螺旋通道的声场计算结果

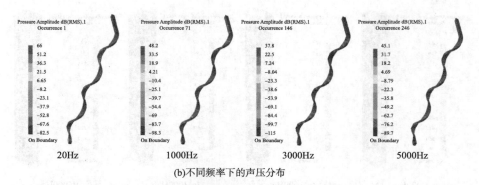

(b)不同频率下的声压分布

图 5-27 β＝40°的螺旋通道的声场计算结果(续)

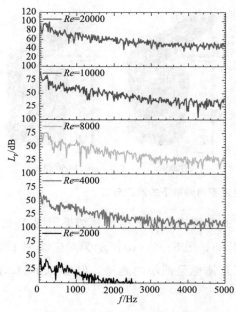

图 5-28 β＝7.5°的螺旋通道
出口声压频谱曲线

图 5-28～图 5-30 分别所示为 β＝7.5°的螺旋通道、β＝40°的螺旋通道和直通道出口处的声压响应曲线。可知：三种通道出口的低频噪声均高于高频噪声，并且雷诺数越大，声压级越高。

对于 β＝7.5°的螺旋通道出口频谱曲线，总体来讲，低频噪声均高于高频噪声，并且雷诺数越大，声压级越高。当 Re＝2000 时，其出口噪声基本在频率 2000Hz 以后衰减掉；当 Re＝4000 时，高频段的声压级基本在 20dB 以下，并且变化幅度不大；当 Re＝8000 时，低频段的声压级基本在 25dB 以上变化；当 Re＝10000 时，高频段的声压级基本在 50dB 以下；当 Re＝20000 时，低频段的声压级高达 100dB，高频段的声压级基本在 60dB 左右。

对于 β＝40°的螺旋通道出口频谱曲线，当 Re＝2000 时，其出口噪声基本在频率为 3000Hz 以后衰减掉；当 Re＝4000 时，声压级随着频率的增大呈先增大后减小的趋势，高频段的声压级也基本在 20dB 以下，并且呈先减小后增大的趋势；当 Re＝8000 时，低频段的声压级基本在 25dB 以下变化，声压级整体随着频率的增大而减小，但在 1180Hz 时出现峰值 65.38dB；当 Re＝10000 时，高频段的声压级基本在 50dB 以下，在 1380Hz 时出现峰值 69.85dB，在 3180Hz 时出现声压骤减；当 $Re=20000$ 时，低频段的声压级最高达 87dB，高频段的声压级基本在 60dB 左右，虽然高频噪声要低于低频噪声，而且高频段的声压级也大部分在 60dB 以下。

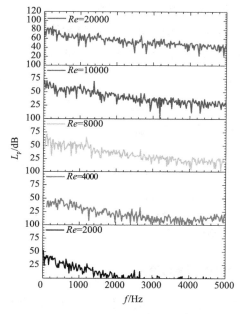 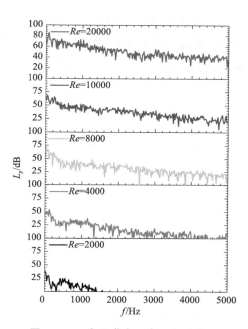

图 5-29　$\beta=40°$ 的螺旋通道出口声压频谱曲线　　图 5-30　直通道出口声压频谱曲线

对于直通道出口声压频谱曲线，当 $Re=2000$ 时，其出口噪声基本在频率 1500Hz 以后衰减掉；当 $Re=4000$ 时，高频段的声压级基本在 10dB 以下，声压随频率呈先降低后增大再降低的趋势，并且在频率 4000Hz 以后衰减掉；当 $Re=8000$ 时，同样的高频噪声要低于低频噪声，而且高频段的大部分声压级低于 25dB，并在 2560Hz 时出现声压骤减；当 $Re=10000$ 时，高频段的声压级基本在 40dB 以下，在 4760Hz 时出现声压骤减；当 $Re=20000$ 时，低频段的声压级最高达 85.75dB，高频段的声压级基本在 50dB 左右。

5.3.3　协同性分析

图 5-31 所示为三种通道的出口声压级和体平均协同角随雷诺数的变化。可知：随着雷诺数的增大，出口声压随之增大，但协同角逐渐减小。同样的，在相同雷诺数下，声压越大，场协同角也越大。当 $Re=2000$ 时，$\beta=40°$ 的螺旋通道

出口声压级最大，为 28.41dB，但也仅比 $\beta=7.5°$ 的螺旋通道高 2%，比直通道高 9%；当雷诺数从 4000 增长至 20000 时，$\beta=7.5°$ 的螺旋通道出口声压级最大，而直通道最小，此时 $\beta=40°$ 的螺旋通道声压级比 $\beta=7.5°$ 的螺旋通道低 14%～21%，对应的场协同角要低 1.7%～4%，$\beta=40°$ 的螺旋通道声压级比直通道高 9%～16%，对应的场协同角高 0.3%～2%；当 $Re=20000$ 时，三种通道出口的声压级均达到最大值，其中直通道的出口声压级为 64.90dB，$\beta=7.5°$ 的螺旋通道出口声压级为 80.46dB，$\beta=40°$ 的螺旋通道出口声压级介于两者之间，为 69.22dB。

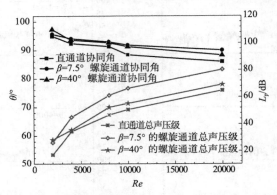

图 5-31　协同角和声压级随雷诺数的变化

综合分析协同角和流场对流噪声的影响，当 Re 增大时，偶极子的辐射声功率与流速的 6 次方成正比，此时流速对流噪声的影响起主导作用。也就是说，雷诺数越大，出口声压级也越大。但当 Re 一定时，流场和声场的协同作用会影响声能的传递，此时协同性越好，出口声压也越低。

5.4　本章小结

通过对矩形截面完全连续螺旋通道内单管绕流的阻力特性、换热特性以及气动噪声进行了研究，分析了螺旋角和压降等因素对噪声、阻力和换热的影响，进一步对螺旋通道和直通道内绕管束流动噪声进行研究，得到主要结论如下：

（1）对于连续螺旋通道单管绕流，当雷诺数较高时，$\beta=40°$ 的螺旋通道出口努塞尔数最大，声压级的增长幅度最小，甚至比 $\beta=30°$ 的螺旋通道出口声压级低 13%，因此认为 $\beta=40°$ 的螺旋通道具有最优的综合性能。

（2）对于连续螺旋通道管束绕流，当雷诺数较高时，$\beta=7.5°$ 的螺旋通道出口声压级最大，而直通道最小，此时 $\beta=40°$ 的螺旋通道声压级比 $\beta=7.5°$ 的螺旋通道低 $14\%\sim21\%$，对应的场协同角要低 $1.7\%\sim4\%$，$\beta=40°$ 的螺旋通道声压级比直通道高 $9\%\sim16\%$，对应的场协同角高 $0.3\%\sim2\%$；虽然此时 $\beta=40°$ 的螺旋通道内的单位压降最大，但是努塞尔数介于两者之间，因此认为 $\beta=40°$ 的螺旋通道具有最优的综合性能。

（3）综合来讲，随着雷诺数的增大，出口声压随之增大，但协同角逐渐减小。同样的，在相同雷诺数下，声压越大，流场和声场的协同角也越大。

6 螺旋折流板换热器周期单元气动噪声及流动换热的研究

本章根据连续螺旋折流板和弓形折流板管壳式换热器壳侧流体流动的特点，采用周期模型研究了不同形式的折流板对管束绕流噪声的影响，既为后续整型换热器模型内气动噪声的研究提供数据方法支撑，也为连续螺旋折流板管壳式换热器的减振降噪提供设计依据。

6.1 数值计算模型

对于连续螺旋折流板和弓形折流板换热器，当流体在管壳式换热器壳侧流动时，它们的主流路如图 6-1 所示。

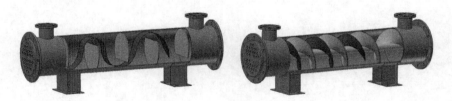

(a)弓形折流板   (b)连续螺旋折流板

图 6-1 管壳式换热器壳侧主流路示意

考虑管壳式换热器壳侧结构的周期性，当流体达到充分发展螺旋流动时，可以采用周期性模型进行数值模拟研究。本章针对连续螺旋折流板和弓形折流板管壳式的周期单元同时进行了对比研究，同时根据第 5 章得到的 $\beta=40°$ 的螺旋通道具有最优的综合性能，选择 $\beta=40°$ 的螺旋折流板周期单元弓形折流板进行对比。图 6-2(a)所示为当螺旋角 $\beta=40°$ 时的连续螺旋折流板管壳式换热器周期单元模型，图 6-2(b)所示为弓形折流板管壳式换热器周期单元模型。

(a)连续螺旋折流板管壳式换热器　　　(b)弓形折流板管壳式换热器

图 6-2　周期单元计算模型

不同周期单元计算模型的具体结构参数见表 6-1。

表 6-1　不同周期单元计算模型结构参数

项目	参数值	
壳体内直径/mm	211	211
换热管外直径/mm	19	19
换热管数量	21	21
换热管布置方式	45°	45°
换热管中心距/mm	35	35
折流板间距/mm	556	278
螺旋角	40°	—
螺旋折流板厚度/mm	3	3
螺旋折流板材质	0Cr18Ni9	0Cr18Ni9
折流板导热系数/W·m^{-1}·K^{-1}	15.2	15.2
折流板种类	连续螺旋	弓形
折流板数量	1	2

6.2　控制方程与边界条件及物性条件

（1）控制方程

在模型建立过程中，采用了以下假设：

①壳侧流动与换热为稳态湍流；

②流体均为不可压缩；

③忽略温度变化导致的密度变化；

④忽略折流板管孔与管子之间、壳体与折流板之间的间隙；

⑤折流板、壳体均视为无厚度壁面；

⑥换热器壳体视为保温良好的绝热壁面。

控制方程同第 5 章。

（2）边界条件

沿流动方向进出口采用周期性边界条件，对于完全充分发展的周期性流动，其周期性进出口具有如下特性：

$$u_i(x, y, z) = u_i(x, y, z+s) \qquad (6-1)$$

$$p(x, y, z) - p(x, y, z+s) = p(x, y, z+s) - p(x, y, z+2s) \quad (6-2)$$

进出口面采用周期性边界条件，设定为恒定质量流量；壳体壁面为无滑移绝热壁面；管束壁面设置为恒定壁温 300K；折流板采用 FLUENT 薄壁模型进行考虑；来流平均温度取为 350K。

（3）物性条件

采用空气作为介质，由于进出口温度变化较小，因此采用常物性，具体参数见表 6-2。

表 6-2 空气热物性(定性温度 350K)

参数项	单位	数值
ρ	kg·m^{-3}	0.9951
c_p	J·kg^{-1}·K^{-1}	1009.4
μ	kg·m^{-1}·s^{-1}	2.09×10^{-5}
λ	W·m^{-1}·K^{-1}	0.027708
c	m·s^{-1}	374.99

6.3 网格划分与数值方法验证

6.3.1 网格划分

对于流场网格，采用 ANSYS ICEM 生成的非结构化网格进行流场计算，折流板及进出口的网格如图 6-3 所示。

本章分别对螺旋折流板换热器周期单元模型和弓形折流板换热器周期单元模

(a)螺旋   (b)弓形

图6-3 折流板及进出口网格示意

型进行了网格独立性检验，结果见图6-4。

对于螺旋折流板换热器周期单元模型，当 $M=0.4 \text{kg} \cdot \text{s}^{-1}$ 时的工况，随着网格数从 929/432 增加到 178/0541，当网格数达到 1/453/650 时，传热系数变化较小；弓形折流板换热器周期单元模型网格划分方法同螺旋折流板周期单元，因此对于流场计算，连续螺旋折流板换热器最终选定网格

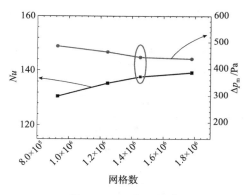

图6-4 网格无关性

数为 1/453/650，弓形折流板换热器选定网格数为 1/460/703。

对于声场网格，在声场计算中，采用声学有限元法将声场离散为体网格。网格大小与计算频率和 Courant 数的对应关系，如式(6-3)和式(6-4)所示。

$$\delta x \leqslant \frac{c}{6F_{\max}} \tag{6-3}$$

$$CFL = \frac{\delta t \mid v \mid}{\delta x} < 1 \tag{6-4}$$

与流场计算网格不同的是，对于声学网格来说，声学计算结果的精度主要由大多数网格的大小来决定，因此局部网格加密并不能明显提高计算结果的精度。可知：充分考虑计算资源、计算时间和精度的要求，再采用流场网格并不适用于声场计算。本章最终采用 8mm 作为最大单位长度来计算声场，连续螺旋折流板和弓形折流板换热器周期单元模型的网格数分别为 498644 和 497551。

6.3.2 数值方法及有效性验证

对流场的求解采用商业软件 FLUENT，选择双精度压力求解器，采用有限容积法对控制方程进行离散，除压力修正方程用 Standard 格式离散外，其他均使用 QUICK 格式，速度和压力的解耦采用 SIMPLE 算法，采用标准壁面函数。对于流场，当各求解变量(x、y、z、p、k 和 ε)的绝对残差小于 10^{-5}，对于温度场，当求解变量(T)绝对残差小于 10^{-7} 时，判定计算收敛。同样的，待流场计算结果稳定后，以此为初值进行瞬态采样，具体采样参数见表 6 - 3。采用 LES 湍流模型，计算得到折流板及管束附近的压力脉动时域计算结果，以此作为声源导入 LMS Virtual. Lab 中进行后续声学计算。

表 6 - 3　采样参数

参数项	数值
时间步长/s	0.0001
采样频率/Hz	10000
最大分析频率/Hz	5000
采样步数/Hz	3000
物理时间/s	0.3
频率分辨率/Hz	3.33

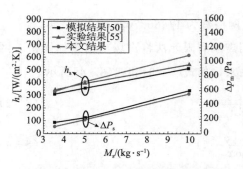

图 6 - 5　本文结果与文献中已有结果的比较

对于数值计算方法的验证，通过将连续螺旋折流板换热器周期单元计算得到的进出口压降 Δp_s 和平均换热系数 h_s 与文献中已经公开发表的数值模拟结果及实验结果进行对比，结果见图 6 - 5。对于流场的验证，与 Yang 等的数值数据相比，平均传热系数的最大偏差为 17%，最小偏差为 6%；压降的最大偏差为 35%，最小偏差为 8%。与 Zhang 等的实验数据相比，平均传热系数的最大偏差为 12%，最小偏差为 3%。

以上两个验证结果表明，管壳式换热器周期单元内的流动和传热模拟是正确的。对于声场的验证，同第 5 章一样，将经典圆柱绕流气动噪声计算结果与 Revell 等的实

验结果进行对比，分别计算了两个测点位置的气动噪声，计算结果相对偏差为
1.5%～3.2%。上述两个验证相结合证明了周期单元模型数值方法的有效性。

6.4 数据处理

数据处理过程中，主要使用的公式如下。

(1)对于连续螺旋折流板换热器周期单元，中心线附近流通截面积：

$$A=0.5H_b\left[D_i-D_s+\frac{D_s-D_m}{p_t}(p_t-d_o)\right] \qquad (6-5)$$

对于弓形折流板换热器周期单元，中心线附近流通截面积：

$$A=S_b\left[D_i-D_s+\frac{D_s-d_o}{p_t}(p_t-d_o)\right] \qquad (6-6)$$

式中　A——中心线附近流通截面积，m²；

　　　H_b——螺距，m；

　　　S_b——弓形折流板间距，m；

　　　D_i——壳体内直径，m；

　　　D_s——布管限定圆直径，m；

　　　D_m——中心管外直径，m；

　　　p_t——换热管间距，m；

　　　d_o——换热管外直径，m。

(2)连续螺旋折流板的螺距：

$$H_b=\pi D_i\tan\beta \qquad (6-7)$$

式中　β——螺旋角，(°)。

(3)壳侧雷诺数：

$$u=\frac{q_{v,s}}{A} \qquad (6-8)$$

$$Re_s=\frac{ud_o}{\nu_s} \qquad (6-9)$$

式中　u——中心线附近截面处流速，m·s⁻¹；

　　　$q_{v,s}$——壳侧流体体积流量，m³·s⁻¹；

　　　ν_s——壳侧流体运动黏度，m²·s¹。

在本章中，螺旋折流板的螺距 H_b 设定为 2 倍弓形折流板间距 S_b，即 $H_b=2S_b$，也就是说 STHX-CHB 和 STHX-SB 的中心线附近流通截面积相同，说

明在相同壳侧进口流速下，STHX-CHB 的中心线附近截面处流速将与 STHX-SB 相同，计算得到的壳侧雷诺数 Re_s 也相同。根据声学理论，偶极子声源辐射功率与流速的六次方成正比，即流速对气动噪声的大小起主导作用。因此，本章选择 H_b 为 S_b 的 2 倍，以保证在相同流量下 STHX-CHB 和 STHX-SB 的壳侧雷诺数 Re_s 相同。

(4)壳侧流体换热量：

$$\Phi_s = M_s \times c_{p,s} \times (t_{s,in} - t_{s,out}) \tag{6-10}$$

式中 Φ_s——壳侧流体换热量，W；

       M_s——壳侧质量流量，$kg \cdot s^{-1}$；

       $c_{p,s}$——比热容，$J \cdot kg^{-1} \cdot K^{-1}$；

       $t_{s,in}$——进口温度，K；

       $t_{s,out}$——出口温度，K。

(5)壳侧流体平均换热系数：

$$h_s = \frac{\Phi_s}{A_o \cdot \Delta t_m} \tag{6-11}$$

$$A_o = N_t \cdot \pi d_o l_{tc} \tag{6-12}$$

$$\Delta t_m = \frac{\Delta t_{max} - \Delta t_{min}}{\ln(\Delta t_{max}/\Delta t_{min})} \tag{6-13}$$

$$\Delta t_{max} = t_{s,in} - t_{wall} \tag{6-14}$$

$$\Delta t_{min} = t_{s,out} - t_{wall} \tag{6-15}$$

$$Nu_s = \frac{h_s d_o}{\lambda_s} \tag{6-16}$$

式中 h_s——壳侧流体平均换热系数，$W \cdot m^{-2} \cdot K^{-1}$；

       A_o——基于管子外直径的换热面积，m^2；

       Δt_m——对数平均温差，℃；

       N_t——换热管根数；

       l_{tc}——换热管有效长度，m；

       Nu_s——壳侧流体努塞尔数；

       λ_s——壳侧流体导热系数，$W \cdot m^{-1} \cdot K^{-1}$。

(6)传热因子和阻力因子：

$$j = \frac{Nu_s}{Re_s Pr_s^{1/3}} \tag{6-17}$$

$$f = \frac{\Delta p_s}{1/2 \rho_s u^2} \cdot \frac{d_o}{l_{tc}} \qquad\qquad (6-18)$$

式中 ρ_s——壳侧流体密度，$kg \cdot m^{-3}$；

       Pr_s——壳侧流体普朗特数；

       Δp_s——壳侧进出口差压，Pa；

       s——下标，表示壳侧流体。

6.5   模拟结果分析

6.5.1   流场计算结果对比

图 6-6 所示为流体在 STHX-CHB 和 STHX-SB 周期单元内的迹线图。图 6-6(a)显示了流体沿连续螺旋折流板呈螺旋运动，并且流体沿着连续螺旋折流板均匀分布，并没有横向冲刷管束；图 6-6(b)显示了流体沿弓形折流板呈典型的"Z"字流动，并且存在较大范围的滞止区，此时流体横向冲刷管束会产生复杂的压力脉动和湍流抖振，这种局部混合区域极易产生流致振动和噪声问题。

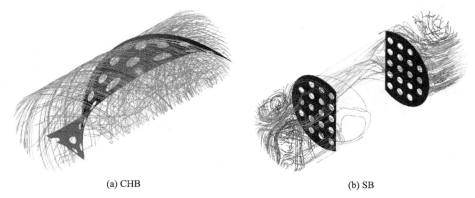

(a) CHB   (b) SB

图 6-6   STHX-CHB 和 STHX-SB 模型的壳侧流线

本章针对 4 种不同进口流量下的工况($M=0.1$、$M=0.2$、$M=0.3$ 和 $M=0.4$)进行了流场计算。

图 6-7 所示为 $M=0.4 \ kg/s$ 时 STHX-CHB 和 STHX-SB 壳侧的压力分布。从图中可以明显看出，STHX-CHB 的压力沿着连续螺旋折流板发生连续变化，而 STHX-SB 的压力在折流板的位置发生骤变，弓形折流板附近区域的压力明显高于其他区域。

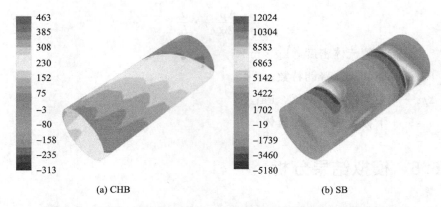

<table>
</table>

(a) CHB　　　　　　　　　　　(b) SB

图 6 - 7　STHX - CHB 和 STHX - SB 模型的壳侧压力分布（单位：Pa）

　　图 6 - 8 所示为相同质量流量下的壳侧温度分布。可以明显看出，STHX - CHB的温度也沿着螺旋折流板发生连续变化，而 STHX - SB 的温度在折流板的位置会发生骤变。整体来看，虽然 STHX - CHB 的最高温度要略高于 STHX - SB，但只沿折流板存在部分区域温度较高，而 STHX - SB 的进口段存在大面积区域的局部温度过高。

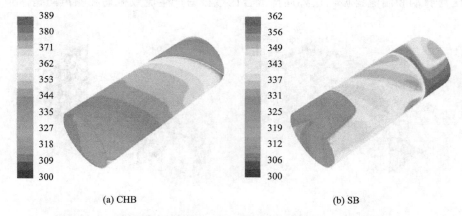

(a) CHB　　　　　　　　　　　(b) SB

图 6 - 8　STHX - CHB 和 STHX - SB 模型的壳侧温度分布（单位：K）

　　图 6 - 9 所示为相同质量流量下的折流板温度分布。可以看出，螺旋折流板上温度分布是由外到内连续变化的，而弓形折流板上温度分布变化不大，但是入口处折流板的温度要远高于出口折流板的温度。

　　STHX - CHB 和 STHX - SB 中间横截面上的压力、温度和协同角分布如图 6 - 10 所示。与 STHX - SB 相比，STHX - CHB 中间截面上的压力变化较大，但温度和协同角的变化较小。而且 STHX - CHB 中截面上的协同角主要在 90°左右发生变化，但是 STHX－SB 中截面上的协同角从 0°到 180°变化显著。

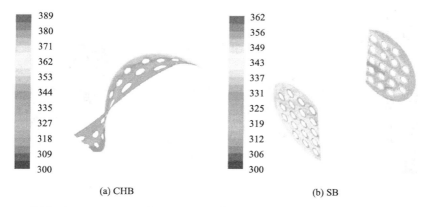

(a) CHB   (b) SB

图 6－9　STHX－CHB 和 STHX－SB 模型的折流板温度分布（单位：K）

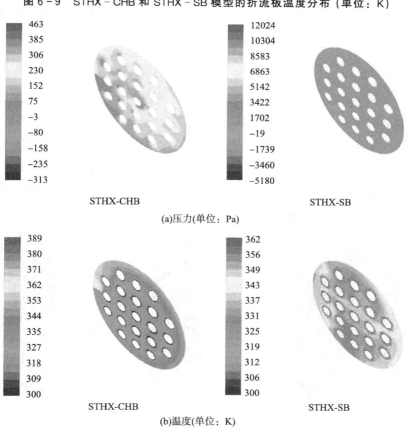

STHX-CHB   STHX-SB

(a)压力(单位：Pa)

STHX-CHB   STHX-SB

(b)温度(单位：K)

图 6－10　STHX－CHB 和 STHX－SB 中间横截面上的压力、温度和协同角分布

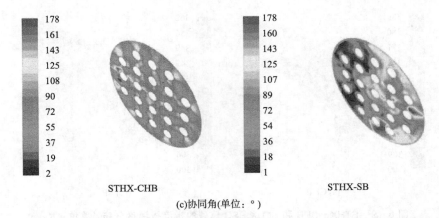

STHX-CHB   STHX-SB

(c)协同角(单位：°)

图 6 - 10   STHX - CHB 和 STHX - SB 中间横截面上的压力、温度和协同角分布(续)

6.5.2   声场计算结果对比

图 6 - 11 为 STHX - CHB 在质量流量 $M = 0.4\mathrm{kg \cdot s^{-1}}$ 时的声场计算结果。图 6 - 11(a)所示为不同采样时间对应的压力脉动分布，可以看出，压力脉动沿着螺旋折流板发生变化。图 6 - 11(b)所示为经过快速傅里叶变换后的压力脉动频域分布。图 6 - 11(c)所示为频率为 20Hz、1020Hz 和 5000Hz 对应的声压分布。随着频率的增加，声压级逐渐减小。从图中可以看出，经过快速傅里叶变换后的压力脉动和声压级沿螺旋折流板并未沿着折流板发生明显的变化。

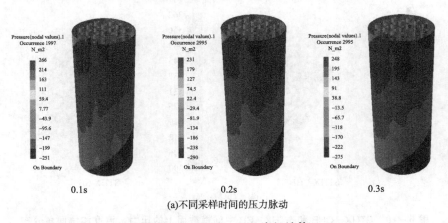

0.1s   0.2s   0.3s

(a)不同采样时间的压力脉动

图 6 - 11   STHX - CHB 声场计算

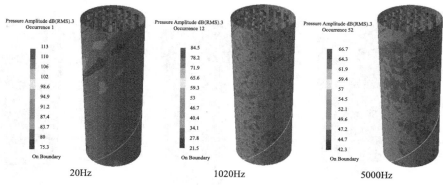

(b)经过快速傅里叶变换后的压力脉动

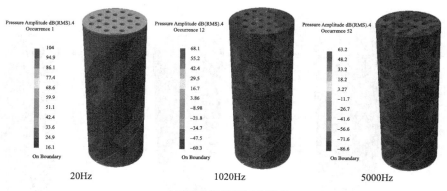

(c)声学计算得到的声压分布

图 6-11　STHX-CHB 声场计算(续)

图 6-12 所示为 STHX-SB 的声场计算。图 6-12(a)可以看出,弓形折流板附近的压力脉动变化尤为明显。图 6-12(b)所示为经过快速傅里叶变换后的压力脉动分布。而且在不同频率下,弓形折流板附近的压力脉动变化很大。与 STHX-CHB 不同的是,经过快速傅里叶变换后,STHX-SB 的压力脉动频域分布受频率的影响较小,声压级大小的变化比较明显。图 6-12(c)所示为不同频率下的声压分布,特别是当频率较低时,弓形折流板附近区域的声压明显较高。

为了定量分析气动噪声的频谱特性,计算得到了出口处的声压级,如图 6-13 所示。可以看出,STHX-SB 在各个频率下的声压均高于 STHX-CHB。当频率为 220Hz 时,STHX-SB 出口处的最大声压可达到 123dB;当频率为 260Hz 时,STHX-CHB 出口处的最大声压为 105dB,远低于 STHX-SB 的声压;而且 STHX-CHB 和 STHX-SB 的低频噪声都高于高频噪声。

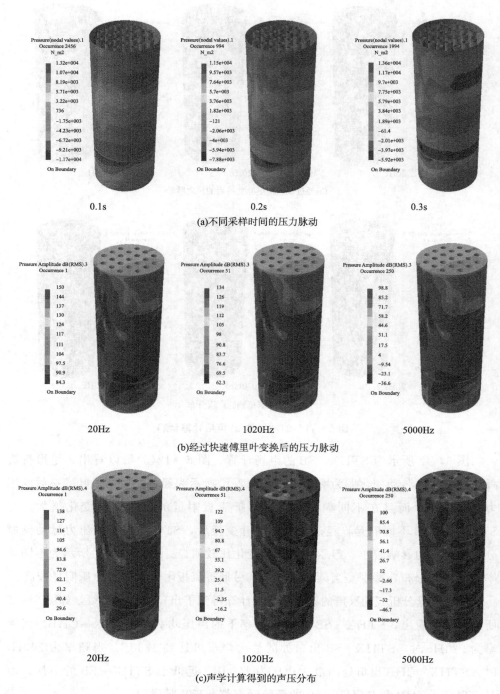

(a)不同采样时间的压力脉动

(b)经过快速傅里叶变换后的压力脉动

(c)声学计算得到的声压分布

图 6 - 12 STHX - SB 声场计算

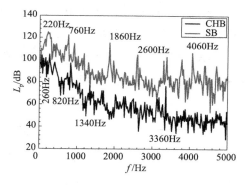

图 6-13　出口声压对比

6.5.3　综合性能对比

图 6-14 所示为 STHX-CHB 和 STHX-SB 的努塞尔数随质量流量的变化。可以看出，STHX-CHB 和 STHX-SB 的努塞尔数都随着质量流量的增加而增加。在相同质量流量下，STHX-CHB 的努塞尔数比 STHX-SB 的努塞尔数低18%～58%。这是因为在相同螺旋折流板长度下，弓形折流板周期单元内存在两块弓形折流板，从而增加流体扰动，提高 STHX-SB 的传热性能。图 6-15 所示为 STHX-CHB 和 STHX-SB 单位长度压降随质量流量的变化。可知：随着质量流量的增加，STHX-CHB 和 STHX-SB 的单位压降均随之增大，但是STHX-CHB 的单位压降要比 STHX-SB 低98%。这是由于弓形折流板的存在导致 STHX-SB 内流体呈明显的"Z"字形流动，从而明显增加了流动阻力，但STHX-CHB 内的流体基本是沿着螺旋折流板以均匀的流速流动，因此相比之下压降较低。图 6-16 所示为 STHX-CHB 和 STHX-SB 出口声压随质量流量的变化。随着质量流量的增大，STHX-CHB 和 STHX-SB 的声压均增大。而且在相同流量下，STHX-CHB 的声压要比 STHX-SB 低23%～37%。

由于协同角随质量流量的变化幅度较小，因此计算得到了 4 种工况下的平均协同角，结果表明：STHX-CHB 与 STHX-SB 的平均协同角分别为 $73.67°$ 和$83.82°$，此时 STHX-CHB 的平均协同角比 STHX-SB 低11%，相应的出口声压降低了 23%～37%。可以看出，在相同质量流量下，出口声压随着协同角的增大而增大。

图 6-17 所示为质量流量 $M_s = 0.4$ kg/s 时，单位长度压降 Δp_m，平均传热

系数 h_s，努塞尔数 Nu 和声压 p' 的综合性能对比结果。与其他工况相比，在 $M=$ 0.4 kg/s 的工况下，STHX - CHB 和 STHX - SB 的出口声压均最高，分别为 83dB 和 109dB，此时 STHX - SB 的声压比 STHX - CHB 高 23%，STHX - SB 的换热系数比 STHX - CHB 高 22%，但 STHX - SB 的单位压降要比 CHB 高 98%。

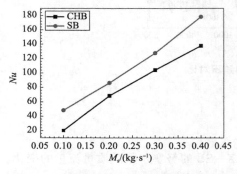

图 6 - 14　努塞尔数 Nu 随质量流量的变化　图 6 - 15　单位长度压降 Δp_m 随质量流量的变化

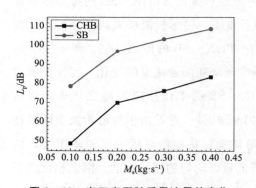

图 6 - 16　出口声压随质量流量的变化　图 6 - 17　综合性能对比结果($M_s = 0.4\,\text{kg} \cdot \text{s}^{-1}$)

综上所述，STHX - CHB 具有较低的流动阻力和较小的气动噪声，虽然 STHX - SB 在传热性能上略有优势，但却是以较大的阻力损失和气动噪声为代价。因此从传热、阻力损失和气动噪声三方面综合考虑认为 STHX - CHB 具有较好的综合性能。

6.6　本章小结

本章研究了连续螺旋折流板和弓形折流板管壳式换热器内管束绕流产生的气

动噪声，对比分析了不同折流板对换热器壳侧传热、阻力性能以及噪声的影响。
得到主要结论如下：

（1）连续螺旋折流板换热器具有阻力低、气动噪声低的优点；在相同质量流
量下，连续螺旋折流板换热器的气动噪声和压降均远低于弓形折流板换热器；此
时，虽然弓形折流板换热器在传热性能方面略有优势，但流动阻力极大而且噪声
很大；

（2）努塞尔数、单位管长压降和声压均随质量流量的增大而增大；

（3）在所研究的流量范围内，在相同流量下，连续螺旋折流板换热器的平均
协同角比弓形折流板换热器低 11％，同时出口声压低 23％～37％；

（4）因此综合考虑传热、压降和气动噪声三方面因素，连续螺旋折流板换热
器具有较好的综合性能。

7 螺旋折流板换热器壳侧流动噪声及压降与声压关系的研究

本章针对连续螺旋折流板和弓形折流板管壳式换热器壳侧流体流动的特点，采用整体模型研究了不同形式的折流板对管束绕流噪声的影响，同时提出了单腔体和双腔体壳侧结构，为连续螺旋折流板管壳式换热器的减振降噪提供依据，也根据计算结果对进出口压降和声压的关系进行了分析。

7.1 连续螺旋折流板换热器数值计算

7.1.1 物理模型

基于第 6 章周期单元模拟结果，选取螺旋角 $\beta = 40°$ 进行螺旋折流板整型换热器数值模拟，如图 7-1 所示。弓形折流板换热器见图 7-2，折流板数目 $N = 4$。两者其他结构参数选取一致。本章所有模型均采用整体模型进行计算，假设条件、控制方程、工质物性条件等均与第 6 章保持一致，壳侧进口采用速度进口，壳侧出口采用压力出口。

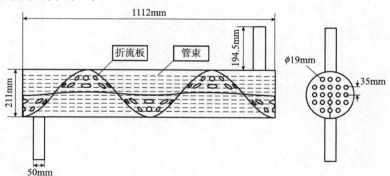

图 7-1　螺旋折流板换热器($\beta = 40°$)

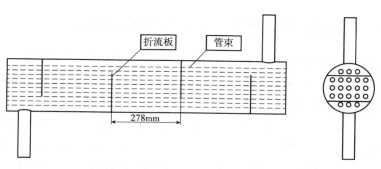

图 7-2 弓形折流板换热器($N=4$)

7.1.2 结果校核

采用 Bell-Delaware 方法对弓形折流板管壳式换热器的换热系数和压降进行了校核，改变进口流速（$v=2\text{m}\cdot\text{s}^{-1}$、$10\text{m}\cdot\text{s}^{-1}$、$20\text{m}\cdot\text{s}^{-1}$、$30\text{m}\cdot\text{s}^{-1}$ 和 $40\text{m}\cdot\text{s}^{-1}$），得到不同工况下的壳侧换热系数 h 和压降 Δp，数据处理方法同第 6 章。将弓形折流板换热器模型计算结果与关联式结果进行了对比，如图 7-3 所示。结果表明：计算得到的壳侧换热系数与经验关联式相比相对偏差在 0.67%～9.8%，进出口压降相对偏差在 9.0%～32.9%，说明弓形折流板换热器模型的数值计算可靠性。由于螺旋折流板换热器模型结构和弓形折流板换热器模型结构在网格划分方法、湍流模型、壁面函数、对流项离散格式等方面都保持一致，从而验证了螺旋折流板换热器数值模型的可靠性。

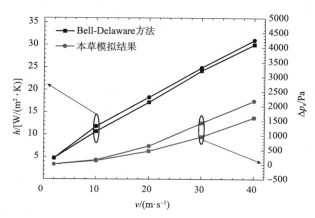

图 7-3 弓形折流板换热器模型计算结果与经验关联式结果对比

7.1.3 不同形式的折流板对计算结果的影响

为了分析不同形式的折流板对管壳式换热器出口噪声、压降及换热系数的影响，对比了螺旋折流板换热器（$\beta=40°$）和弓形折流板换热器（$N=3$）的综合性能，它们的结构参数除了折流板外，其他均保持一致。

图 7-4～图 7-6 分别所示为连续螺旋折流板管壳式换热器和弓形折流板管壳式换热器的进出口压降、努塞尔数和出口声压随流速的变化关系。可知：随着流速增大，两者的压降、努塞尔数和出口声压都随之增大，此时弓形的压降要比螺旋高 43%～63%，努塞尔数比螺旋高 7%～55%，出口声压比螺旋高 15%～33%；总的来说，在相同流速下，虽然螺旋的压降和声压均小于弓形，但努塞尔数也比弓形小。

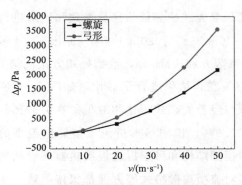

图 7-4 压降随进口流速的变化　　　图 7-5 努塞尔数随进口流速的变化

图 7-7 所示为转热因子 j 和阻力因子 f 的比值 j/f 随流速的变化，也可看出螺旋要明显优于弓形，结合螺旋的出口声压要比弓形低，因此螺旋折流板换热器（$\beta=40°$）的综合性能最优。

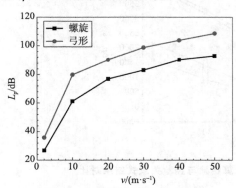
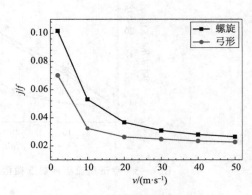

图 7-6 出口声压随进口流速的变化　　　图 7-7 j/f 随进口流速的变化

本章还计算了 4 种螺旋折流板换热器($\beta=7.5°$、$\beta=15°$，$\beta=30°$和 $\beta=40°$）和 2 种弓形折流板换热器（$N=3$ 和 $N=7$）在进口流速 $v=20\mathrm{m}\cdot\mathrm{s}^{-1}$时管束绕流气动噪声及流动换热特性。通过改变螺旋折流板的螺旋角以及弓形折流板的数量，以 $\beta=40°$时的换热管有效长度为基准，布置不同周期数的折流板，具体物理模型见图 7-8。

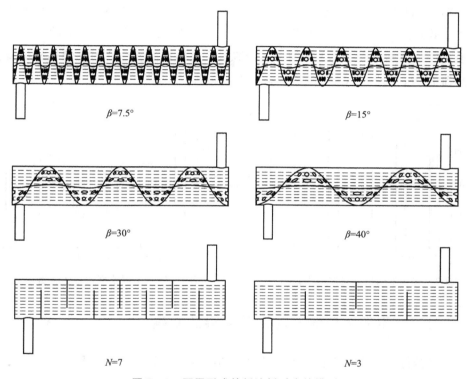

图 7-8　不同形式的折流板对应的模型

图 7-9 所示为不同模型在相同进口流速 $v=20\mathrm{m}\cdot\mathrm{s}^{-1}$条件下对应的进出口压降。可以看出，$\beta=7.5°$时连续螺旋折流板换热器的进出口压降最大，为 1169Pa；而 $\beta=15°$、$\beta=30°$以及 $\beta=40°$时连续螺旋折流板换热器的压降分别为 452Pa、370Pa 以及 365Pa，均小于弓形折流板换热器。

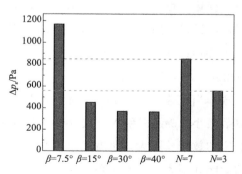

图 7-9　不同模型对应的进出口压降

图 7 - 10 所示为不同模型对应的出口声压，$\beta=7.5°$时连续螺旋折流板换热器的出口声压与 $N=7$ 时弓形折流板换热器相差不大，而 $\beta=40°$时连续螺旋折流板换热器的出口声压与 $N=3$ 的弓形折流板换热器近似，$\beta=15°$时连续螺旋折流板换热器出口声压略低于 $\beta=30°$的连续螺旋折流板换热器，而且均低于 $N=3$ 的弓形折流板换热器。

图 7 - 11 所示为不同模型对应的努塞尔数，$\beta=7.5°$时连续螺旋折流板换热器的 Nu 最大，$\beta=15°$时连续螺旋折流板换热器的 Nu 虽然小于 $N=7$ 的弓形折流板换热器，但是要大于 $N=3$ 的弓形折流板换热器，而 $\beta=30°$时连续螺旋折流板换热器的 Nu 要小于 $N=3$ 的弓形折流板换热器。

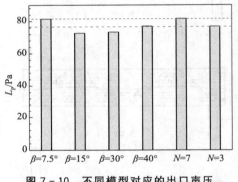
图 7 - 10　不同模型对应的出口声压

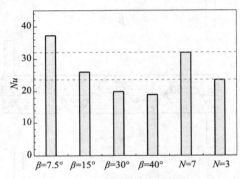
图 7 - 11　不同模型对应的努塞尔数

7.1.4　不同进口流速对计算结果的影响

为了分析不同进口流速对计算结果的影响，本章计算了 6 组工况（$v=10\text{m} \cdot \text{s}^{-1}$、$20\text{m} \cdot \text{s}^{-1}$、$50\text{m} \cdot \text{s}^{-1}$ 和 $100\text{m} \cdot \text{s}^{-1}$）。图 7 - 12 所示为不同模型的努塞尔数 Nu 随流速的变化。可以看出，努塞尔数均随着流速的增大而增大，当流速 $v=2\text{m} \cdot \text{s}^{-1}$时，不同模型对应的努塞尔数相差并不大，其中 $\beta=7.5°$和 $\beta=15°$的努塞尔数均在 10 左右，$\beta=30°$、$\beta=40°$、$N=3$ 和 $N=4$ 时的努塞尔数均在 6 左右；当流速从 $2\text{m} \cdot \text{s}^{-1}$增至 $50\text{m} \cdot \text{s}^{-1}$时，$N=3$ 和 $N=4$ 在不同流速下的努塞尔数基本趋于一致；当流速 $v=50\text{m} \cdot \text{s}^{-1}$时，其中 $\beta=7.5°$时的努塞尔数最大，$\beta=40°$时的努塞尔数最小；$\beta=15°$和 $N=3$、$N=4$ 时的努塞尔数相差不大，$\beta=30°$和 $\beta=40°$时的努塞尔数相差不大，也就是说，当弓形折流板数量从 3 增大至 4 时，对努塞尔数的影响并不大；当螺旋角从 30°增至 40°时，努塞尔数的变化并不大。

图 7 - 13 所示为不同模型的壳侧压降随流速的变化。可知：随着流速增大，

壳侧压降也逐渐增大，其中 $\beta=7.5°$ 时的压降增幅最大。当流速较小时，不同模型对应的压降也相差并不大，但当流速增大至 $50m \cdot s^{-1}$ 时，$\beta=7.5°$ 时的压降也最大，$\beta=40°$ 时的压降最小；从图中可以看出，当流速从 $2m \cdot s^{-1}$ 增至 $50m \cdot s^{-1}$ 时，$\beta=30°$ 和 $\beta=40°$ 时的压降也相差不大，但 $\beta=40°$ 时的压降最小，还是要略小于 $\beta=30°$。

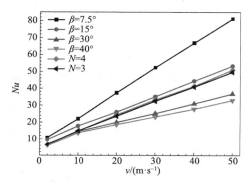

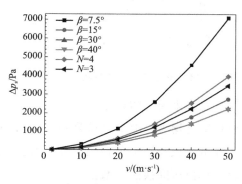

图 7-12　不同模型努塞尔数 Nu 随流速的变化　　图 7-13　不同模型壳侧压降随流速的变化

图 7-14 所示为单位压降换热系数随流速的变化。可知：随着流速增大，单位压降换热系数逐渐降低。当流速 $v=2m \cdot s^{-1}$ 时，螺旋角 $\beta=15°$、$\beta=30°$ 和 $\beta=40°$ 时的单位压降换热系数较大，$\beta=7.5°$ 时的单位压降换热系数最小，弓形折流板换热器的单位压降换热系数介于它们中间；当流速 $v=50m \cdot s^{-1}$ 时，不同模型的单位压降换热系数基本趋于一致，其中螺旋角 $\beta=15°$ 时的单位压降换热系数最大，弓形折流板数量 $N=4$ 时的单位压降换热系数最小，并且 $\beta=15°$ 比 $N=4$ 高出 57%。

图 7-15 所示为不同模型的出口声压级随流速的变化。可知：随着流速增大，出口声压级逐渐增大。当流速 $v=2m \cdot s^{-1}$ 时，$N=3$ 的声压级最小，$\beta=15°$ 时的声压级最大；当流速 $v=10m \cdot s^{-1}$ 时，$\beta=15°$、$\beta=30°$、$\beta=40°$ 和 $N=3$ 时的声压级相差不大，$N=4$ 时的声压级最大；当流速 $v=20m \cdot s^{-1}$ 和 $v=30m \cdot s^{-1}$ 时，$\beta=15°$、$\beta=30°$ 和 $\beta=40°$ 的声压级相差不大，此时 $\beta=30°$ 的声压级最小，$N=4$ 时的声压级最大；当流速 $v=40m \cdot s^{-1}$ 时，$\beta=15°$ 和 $\beta=30°$ 的声压级相差不大，$\beta=30°$ 的声压级最小，$N=4$ 时的声压级最大；当流速 $v=50m \cdot s^{-1}$ 时，$\beta=30°$ 和 $\beta=40°$ 的声压级相对较小，均在 88dB 左右，此时 $N=4$ 时的声压级最高，达到 108dB，比 $\beta=30°$ 高出 24%。

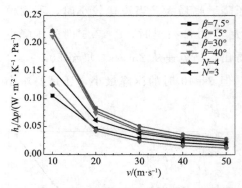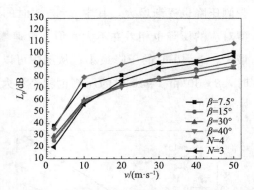

图 7-14　单位压降换热系数随流速的变化　　图 7-15　不同模型出口声压级随流速的变化

　　总的来说，随着流速增大，不同模型的努塞尔数、进出口压降以及出口声压级均随之增大，但单位压降换热系数随之减小；$\beta=7.5°$ 时的努塞尔数最大，但压降也最大；螺旋角 $\beta=15°$ 时的单位压降换热系数最大，弓形折流板数量 $N=4$ 时的单位压降换热系数最小；$\beta=40°$ 时的努塞尔数最小，但进出口压降也最小，并且声压级相对较小，认为 $\beta=40°$ 具有最好的综合性能。

7.2　新型连续螺旋折流板换热器计算模型及结果分析

　　根据第 3 章及第 4 章中扩张腔对声波的衰减作用，本章提出了两种带扩张腔的壳体来对比验证其对流噪声的影响，模型见图 7-16，结构参数与 $\beta=40°$ 的连续螺旋折流板换热器相同。

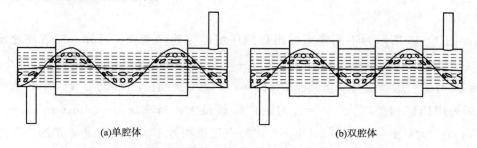

(a)单腔体　　　　　　　　　　　　　　　(b)双腔体

图 7-16　壳侧添加扩张腔后的连续螺旋折流板换热器模型

7.2.1　壳侧流线分析

　　图 7-17 所示为单腔体和双腔体连续螺旋折流板换热器的壳侧流线示意。可以看出，流体从进口流入后，沿着连续螺旋折流板呈螺旋状向前运动，同时由于

腔体的存在，在壳侧形成了复杂流场。

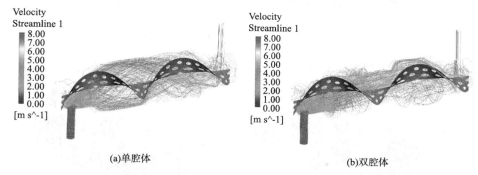

(a)单腔体 (b)双腔体

图 7 - 17　单腔体和双腔体连续螺旋折流板换热器的壳侧流线示意图

7.2.2　壳侧传热与阻力性能分析

图 7 - 18 和图 7 - 19 所示分别为 $\beta=40°$ 的连续螺旋折流板换热器、单腔体和双腔体连续螺旋折流板换热器的壳侧 Nu 和压降随流速的变化关系。可知：随着流速增大，壳侧 Nu 和压降均随之增大。双腔体连续螺旋折流板换热器壳侧 Nu 要比单腔体高 12.3%～28.0%，不添加腔体的 $\beta=40°$ 的连续螺旋折流板换热器壳侧 Nu 要比单腔体高 13.6%～33.0%，双腔体与不添加腔体的连续螺旋折流板换热器壳侧 Nu 相比差别不大，在 2.0% 左右。双腔体连续螺旋折流板换热器的壳侧压降仅比单腔体高 2.2%～4.3%，不添加腔体的 $\beta=40°$ 的连续螺旋折流板换热器壳侧压降仅比单腔体高 0.6%～2.4%，双腔体与不添加腔体的连续螺旋折流板换热器壳侧压降相比高 1.5%～3.0%，总体来讲三者的差别明显不大。由于腔体的添加相当于增加了管束外围和壳体之间的旁路流以及折流板外缘与壳体之间的泄漏流，因此腔体的添加一定程度上减弱了壳侧换热。

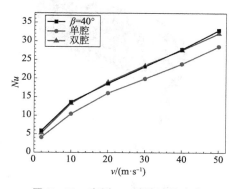

图 7 - 18　壳侧 Nu 随流速的变化

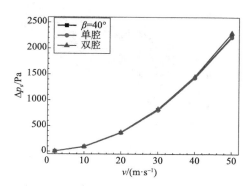

图 7 - 19　壳侧压降随流速的变化

7.2.3 壳侧流噪声分析

图 7-20 所示为流速 $v = 10\mathrm{m} \cdot \mathrm{s}^{-1}$、$v = 30\mathrm{m} \cdot \mathrm{s}^{-1}$ 和 $v = 50\mathrm{m} \cdot \mathrm{s}^{-1}$ 时单腔体模型的不同频率下的声压分布。

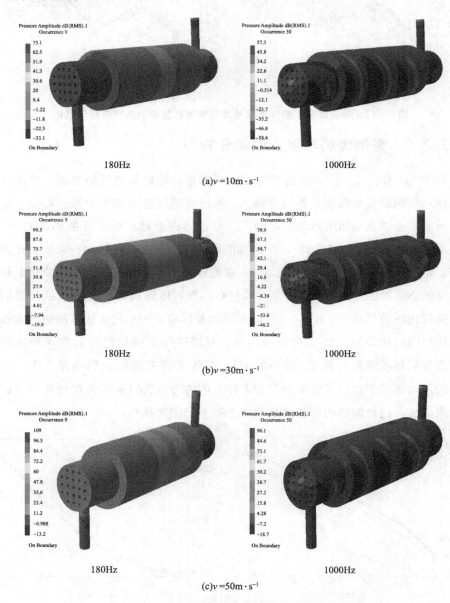

图 7-20 单腔体模型不同频率下的声压分布

图 7-21 所示为流速 $v=10\text{m} \cdot \text{s}^{-1}$、$v=30\text{m} \cdot \text{s}^{-1}$ 和 $v=50\text{m} \cdot \text{s}^{-1}$ 时双腔体模型不同频率下的声压分布。可以看出，当频率较低时，腔体呈现明显的平面波分布，当频率增大后，腔体表面的声压分布不均并且很大，进出口区域的声压较小；随着流速增大，声压也呈增大的趋势。

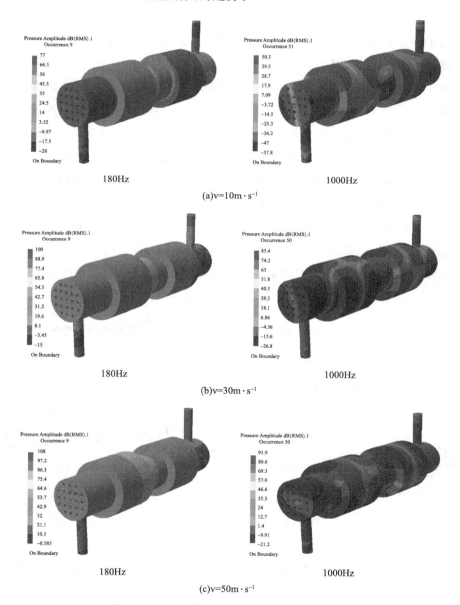

图 7-21 双腔体模型不同频率下的声压分布

图 7 - 22 所示为不同流速下单腔体模型出口声压频谱曲线。当流速 $v=2\mathrm{m}\cdot\mathrm{s}^{-1}$ 时，其出口噪声基本在频率为 $2500\mathrm{Hz}$ 以后衰减掉；当流速 $v=10\mathrm{m}\cdot\mathrm{s}^{-1}$ 时，声压级随着频率增大总体呈减小的趋势，但在 $2900\mathrm{Hz}$ 时出现峰值 $48.60\mathrm{dB}$，高频段的声压级基本在 $20\sim40\mathrm{dB}$ 变化；当流速 $v=30\mathrm{m}\cdot\mathrm{s}^{-1}$ 时，高频段的声压级基本在 $40\sim60\mathrm{dB}$ 变化，低频段的声压级最高达 $105.93\mathrm{dB}$；当流速 $v=40\mathrm{m}\cdot\mathrm{s}^{-1}$ 时，高频段的声压级基本在 $50\sim70\mathrm{dB}$ 变化，在 $1960\mathrm{Hz}$ 时声压骤减，低频段的声压级最高达 $107.09\mathrm{dB}$；当流速 $v=50\mathrm{m}\cdot\mathrm{s}^{-1}$ 时，相比 $v=40\mathrm{m}\cdot\mathrm{s}^{-1}$ 声压增幅并不大，在 $1920\mathrm{Hz}$ 时出现峰值 $91.27\mathrm{dB}$，低频段的声压级最高达 $109.86\mathrm{dB}$。

图 7 - 23 所示为不同流速下双腔体模型的出口声压频谱曲线。当流速 $v=2\mathrm{m}\cdot\mathrm{s}^{-1}$ 时，其出口噪声基本在频率为 $1300\mathrm{Hz}$ 以后衰减掉；当流速 $v=10\mathrm{m}\cdot\mathrm{s}^{-1}$ 时，声压级随着频率增大呈减小的趋势，但在 $2490\mathrm{Hz}$ 时出现峰值 $48.44\mathrm{dB}$，高频段的声压级基本在 $20\sim40\mathrm{dB}$ 变化；当流速 $v=30\mathrm{m}\cdot\mathrm{s}^{-1}$ 时，高频段的声压级基本在 $40\sim60\mathrm{dB}$ 变化，低频段的声压级最高达 $101.82\mathrm{dB}$；当流速 $v=40\mathrm{m}\cdot\mathrm{s}^{-1}$ 时，高频段的声压级基本在 $50\sim70\mathrm{dB}$ 变化，在 $2740\mathrm{Hz}$、$2880\mathrm{Hz}$ 和 $3620\mathrm{Hz}$ 时出现声压骤减，低频段的声压级最高达 $107.3\mathrm{dB}$；当流速 $v=50\mathrm{m}\cdot\mathrm{s}^{-1}$ 时，相比 $v=40\mathrm{m}\cdot\mathrm{s}^{-1}$ 声压增幅并不大，在 $360\mathrm{Hz}$ 时出现峰值 $101.97\mathrm{dB}$，低频段的声压级最高达 $115.3\mathrm{dB}$。

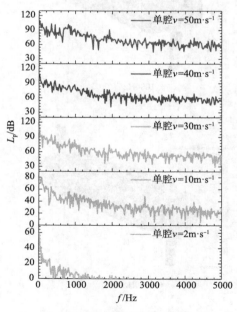

图 7 - 22　不同流速下单腔体
出口声压频谱曲线

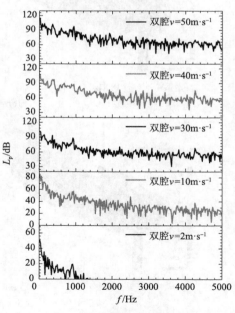

图 7 - 23　不同流速下双腔体
出口声压频谱曲线

7.2.4　综合性能分析

图 7 - 24 所示为单腔体和双腔体模型的综合性能对比。由图 7 - 24(a)可知：随着流速增大，单位压降换热系数随之减小；当流速较小时，不添加腔体的单位压降换热系数要高于双腔体的单位压降换热系数，此时单腔体的单位压降换热系数最小；当流速逐渐增大，三者的单位压降换热系数逐渐趋于一致。

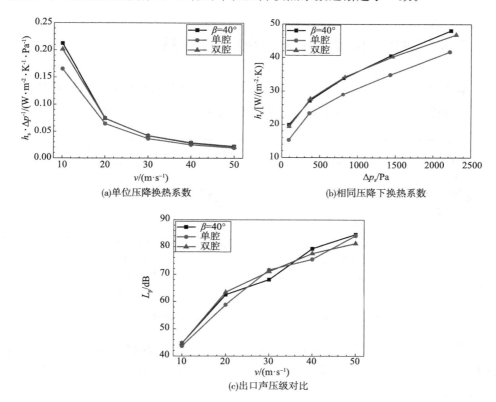

(a)单位压降换热系数　　　　　(b)相同压降下换热系数

(c)出口声压级对比

图 7 - 24　单腔体和双腔体模型综合性能对比

图 7 - 24(b)所示为相同压降下的换热系数。可知：随着压降增大，换热系数随之增大；双腔体的换热系数要高于单腔体 10.9%～21.8%。

图 7 - 24(c)所示为不同流速下的出口声压级对比。可以看出，声压级随着流速的增大而增大；当流速 $v = 10\mathrm{m \cdot s^{-1}}$ 时，三者的声压级均相差不大，均在 44dB 左右；当流速 $v = 20\mathrm{m \cdot s^{-1}}$ 时，双腔体的总声压和不添加腔体时相差不大，均在 63dB 左右，比单腔体的高 7.8%；当流速 $v = 30\mathrm{m \cdot s^{-1}}$ 时，双腔体的总声压和单腔体时相差不大，均在 71dB 左右，比不添加腔体的高 12.6%；当流速

$v=40\mathrm{m\cdot s^{-1}}$时，不添加腔体的总声压最高为 79dB，双腔体的总声压比单腔体略高 2.8%；当流速 $v=50\mathrm{m\cdot s^{-1}}$ 时，单腔体的总声压和不添加腔体时相差不大，双腔体的总声压最低为 81dB，双腔体的总声压比单腔体低 2.8dB；总体来看，当流速较低时，单腔体的总声压较低；当流速较高时，双腔体的总声压较低，因此证明腔体的添加能有效降低续螺旋折流板换热器内产生的气动噪声。

总的来说，综合考虑压降、换热系数和出口总声压，双腔体模型的优势最大。

7.3　进出口压降与出口声压的关系

本章根据整型螺旋折流板换热器($\beta=40°$)和弓形折流板换热器($N=4$)的计算结果，分析了换热器出口声压随进出口压降的变化关系，结果如图 7-25 所示。

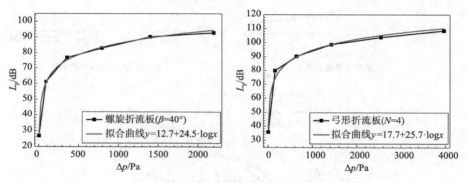

图 7-25　整型换热器出口声压随进出口压降的变化

由图 7-25 可以看出，出口声压的大小近似与压降的对数成正比，因此在此基础上对 6 个数据点进行了曲线拟合，拟合曲线用 $y=a+b\times\log x$ 表示，结果表明拟合曲线和数据点吻合良好。

为进一步分析声压与压降的关系，对第 6 章螺旋折流板换热器周期单元的计算结果进行了整理拟合，分析了换热器出口声压随单位长度压降的变化关系，结果如图 7-26 所示。同样发现声压大小与压降的对数成正比，但由于周期单元模型的数据点只有 4 个，因此拟合曲线偏差略大。

进一步对 $\beta=15°$ 的螺旋折流板换热器的出口声压和进出口压降计算分析发现，声压大小与压降的对数成正比，结果如图 7-27 所示。再整理分析无折流板换热器的计算结果，出口声压和进出口压降的对应关系见图 7-28，发现声压同样随着压降的增大呈对数增长。

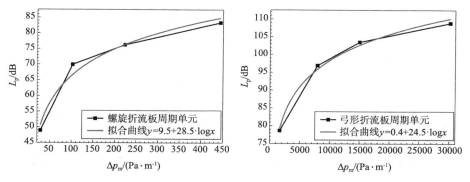

图 7-26　周期单元出口声压随单位压降的变化

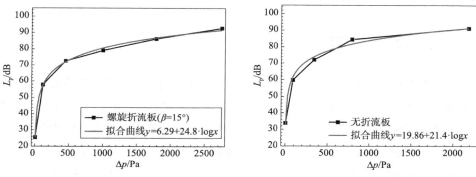

图 7-27　β=15°出口声压随压降的变化　　图 7-28　无折流板出口声压随压降的变化

图 7-29 和图 7-30 分别所示为 β＝7.5°和 β＝30°的出口声压随压降的变化关系，同样发现出口声压随着压降增大呈对数增长。图 7-31 和图 7-32 分别所示为单腔体出口声压随压降的变化及双腔体出口声压随压降的变化。综合分析发现，声压和压降的关系用关系式 $y＝a＋b×\log x$ 表示，综合多组数据发现，b 均在 20～25 区间内变化。

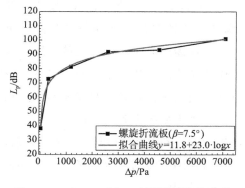

图 7-29　β＝7.5°出口声压随压降的变化

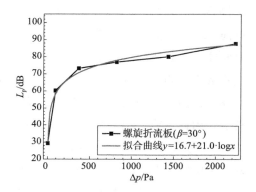

图 7-30　β＝30°出口声压随压降的变化

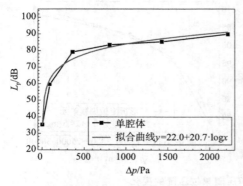

图 7-31 单腔体出口声压随压降的变化

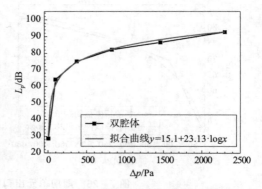

图 7-32 双腔体出口声压随压降的变化

7.4 本章小结

本章针对连续螺旋折流板和弓形折流板管壳式换热器壳侧流体流动的特点，采用整体模型研究了不同形式的折流板对管束绕流噪声的影响，同时提出了单腔体和双腔体壳侧结构，并对进出口压降和声压的关系进行了分析。得到主要结论如下：

(1)对于连续螺旋折流板和弓形折流板换热器，随着流速增大，不同角度螺旋角和不同数量折流板对应的换热器壳侧努塞尔数、进出口压降，以及出口声压级均随之增大，但单位压降换热系数随之减小；$\beta=7.5°$ 时的努塞尔数最大，但压降也最大；螺旋角 $\beta=15°$ 时的单位压降换热系数最大，弓形折流板数量 $N=4$ 时的单位压降换热系数最小；$\beta=40°$ 时的努塞尔数最小，但进出口压降也最小，并且声压级相对较小，认为 $\beta=40°$ 具有最优的综合性能；

(2)对于单腔体和双腔体连续螺旋折流板换热器，随着流速增大，壳侧 Nu、压降和出口声压均随之增大，单位压降换热系数随之减小；双腔体连续螺旋折流板换热器的壳侧 Nu 要比单腔体高 12.3%~28.0%，不添加腔体的 Nu 要比单腔体高 13.6%~33.0%；当流速较小时，不添加腔体的单位压降换热系数要高于双腔体，单腔体的单位压降换热系数最小；当流速逐渐增大，三者的单位压降换热系数逐渐趋于一致；在相同压降下，双腔体的换热系数要高于单腔体10.9%~21.8%；当流速较低时，单腔体的总声压较低；当流速较高时，双腔体的总声压较低，因此压降、换热系数和出口总声压，双腔体模型的优势最大；

(3)综合多组模型数据结果分析换热器出口声压随进出口压降的变化关系，发现声压的大小近似与压降的对数成正比，声压和压降的关系用关系式 $y=a+b\times\log x$ 表示，综合多组数据发现，b 都在 20~25 区间内变化。

8 结论与展望

8.1 主要结论

本书对管道噪声传递及换热器管束绕流噪声的机理进行了研究，并对流场-声场的协同性进行了分析。得到主要结论如下：

(1)采用理论分析研究了流场-声场协同性以及管道声能的传递过程。既为管道流噪声的消除提供新的分析方法，也为传递过程的场协同理论拓展新的应用领域。当在流场中输入声波以后，声波的传递过程会在流场中建立交变的压力梯度并伴随着声能的交换，外界对流体微元的做功量不仅取决于速度和压力梯度的大小，还取决于速度场与压力场的协同程度。当流体与壁面之间的声能交换时，在声功流的方向上，速度场与压力场的协同性越好，流体对壁面的做功量越大，流体与壁面之间的声能交换量也越大；消声装置的设计需要兼顾消声量和流动阻力两方面因素，同时还要考虑速度、压力、声功流的协同关系，以及流场与声场匹配关系，才能获得高效而低阻的消声效果。

(2)对扩张腔管道内噪声的传递过程进行了理论分析和数值研究，分析了流场和压力梯度场之间的协同关系，验证了流场与声场之间的协同关系。结果表明：场协同理论不仅适用于对流换热过程，也适用于声能的传递过程。通过对速度梯度和压力梯度的分析，可以得到流场和声场之间的协同作用。考虑速度对声能传递过程的影响，速度场与压力梯度之间的协同作用随流场的变化而变化，从而导致消声效果的差异。改变进口方式和增加管道内的插入段，扩张腔管道内流场和声场的协同角越小，传递损失越大，壁面与流体之间的声能交换量越大，消声效果也越好。

(3)对扩张腔管道中的流噪声进行了实验测量，得到了不同测点测得的管内外流噪声频谱特性，研究了不同插入长度和压降对噪声传递的影响，从流场和声场匹配的角度研究了流噪声在扩张腔管道内的传递过程。结果表明：随着流速的增加，扩张腔出口处的声压级和协同角均随之增大，随着协同角的增加，出口流噪声也随之增加。而声能传递随着场协同角的增大而减小。当 $v=20\text{m} \cdot \text{s}^{-1}$ 时，模型 1 的出口声压为 123.76dB，模型 2 的出口声压为 124.97dB，模型 3 的出口声压为 122.63dB；与模型 1 和模型 2 相比，模型 3 的协同角最小，对应的流噪声也最低；此时，模型 3 的压降比模型 1 的压降小 37.3%，比模型 2 的压降小 24.7%。这表明出口插入段在保证较小压降的前提下可以有效降低流噪声。当压降增加到 100Pa 时，流动噪声迅速增加近 30dB，尤其是高频段增幅更大。当压降从 100Pa 增加到 250Pa 时，流动噪声增加近 10dB。进口插入距离的增大并不能明显降低出口流噪声，但出口距离的增大能较为明显地降低出口流噪声。

(4)对于矩形截面完全连续螺旋通道单管绕流，当雷诺数较高时，$\beta=40°$ 的螺旋通道努塞尔数最大，声压级的增长幅度最小，甚至比 $\beta=30°$ 的螺旋通道出口声压级低 13%，因此认为 $\beta=40°$ 的螺旋通道具有最优的综合性能；对于矩形截面完全连续螺旋通道管束绕流，当雷诺数较高时，$\beta=7.5°$ 的螺旋通道出口声压级最大，而直通道最小，此时 $\beta=40°$ 的螺旋通道声压级比 $\beta=7.5°$ 的螺旋通道低 14%~21%，对应的场协同角要低 1.7%~4%，$\beta=40°$ 的螺旋通道声压级比直通道高 9%~16%，对应的场协同角高 0.3%~2%；虽然此时 $\beta=40°$ 的螺旋通道内的单位压降最大，但是努塞尔数介于两者之间，因此认为 $\beta=40°$ 的螺旋通道具有最优的综合性能；综合来讲，随着雷诺数的增大，出口声压随之增大，但协同角逐渐减小。同样的，在相同雷诺数下，声压越大，场协同角也越大。

(5)在相同质量流量下，连续螺旋折流板换热器的气动噪声和压降均远低于弓形折流板换热器；虽然弓形折流板换热器在传热性能方面略有优势，但阻力极大而且噪声很大；连续螺旋折流板换热器具有阻力低、气动噪声低的优点；壳侧努塞尔数、单位管长压降和出口声压均随质量流量的增大而增大；在所研究的流量范围内，在相同流量下，连续螺旋折流板换热器的平均协同角比弓形折流板换热器低 11%，同时出口声压低 23%~37%；综合考虑传热、压降和气动噪声三方面因素，连续螺旋折流板管壳式换热器具有较好的综合性能。

(6)对于连续螺旋折流板和弓形折流板换热器，随着流速增大，不同角度螺旋角和不同数量折流板对应的换热器壳侧努塞尔数、进出口压降，以及出口声压级均随之增大，但单位压降换热系数随之减小；$\beta=7.5°$ 时的努塞尔数最大，但压降也最大；螺旋角 $\beta=15°$ 时的单位压降换热系数最大，弓形折流板数量 $N=4$ 时的单位压降换热系数最小；考虑 $\beta=40°$ 时的努塞尔数最小，但进出口压降也最小，并且声压级相对较小，因此 $\beta = 40°$ 具有最优的综合性能；对于单腔体和双腔体连续螺旋折流板换热器，随着流速增大，壳侧 Nu、压降和出口声压均随之增大，单位压降换热系数随之减小；双腔体连续螺旋折流板换热器的壳侧 Nu 要比单腔体高 $12.3\% \sim 28.0\%$，无腔体的 Nu 要比单腔体高 $13.6\% \sim 33.0\%$；当流速较小时，无腔体的单位压降换热系数要高于双腔体，单腔体的单位压降换热系数最小；当流速逐渐增大，三者的单位压降换热系数逐渐趋于一致；在相同压降下，双腔体的换热系数要比单腔体高 $10.9\% \sim 21.8\%$；当流速较低时，单腔体的总声压较低；当流速较高时，双腔体的总声压较低，因此双腔体模型的综合性能最优；综合多组模型数据结果分析了换热器出口声压随进出口压降的变化关系，确定了声压的大小近似与压降的对数成正比，声压和压降的关系可以用关系式 $y = a + b \times \log x$ 表示，并且 b 都在 $20 \sim 25$ 区间内变化。

8.2 后续工作建议

本书的研究方法和研究内容还存在一些需要改进和深入研究的方面，在本书研究的基础上，提出下列建议：

(1)本书目前的研究较为基础且机理性分析较多，需进一步开展与换热器实际应用过程较为贴近的研究，将理论应用到生产实际过程，考虑扩张腔的减弱声波作用以及较强的频率选择性，可根据实际环境的不同降噪要求，在换热器外壳添加多节扩张腔，从而达到宽频消声的目的；

(2)针对流噪声的产生和传递过程进行了研究，并未考虑管束振动本身对流噪声的影响，后续应考虑换热器内的振动响应，以此为激励进行声振耦合计算，得到结构振动噪声，对换热器内噪声的产生和传播机理进行更深层次的研究；

(3)分析了流场-声场的协同性，后续应考虑流场、声场以及温度场的多场协同分析，进一步拓展场协同理论的应用领域；

(4)针对进出口压降和声压级的关系，可通过实验或模拟添加更多组不同模型工况进行验证，为换热器工程设计提供更有力的参考。

参考文献

[1]吕国钧.全球化与 20 世纪 90 年代以来东亚制造业的转移和重组[J].经济学(季刊),2006,5(2):551-578.

[2]BARRON R. Industrial noise control and acoustics[M]. Boca Raton:CRC Press,2002.

[3]JAFARI NASR M R,SHAFEGHAT A. Fluid flow analysis and extension of rapid design algorithm for helical baffle heat exchangers[J]. Applied Thermal Engineering,2008,28(11/12):1324-1332.

[4]马大猷.噪声与振动控制工程手册[M].北京:机械工业出版社,2002.

[5]杜功焕,朱哲民,龚秀芬.声学基础[M].南京:南京大学出版社,2001.

[6]中华人民共和国生态环境部.2020 年中国环境噪声污染防治报告[R].北京:中华人民共和国生态环境部,2020.

[7]中华人民共和国生态环境部.2019 年中国环境噪声污染防治报告[R].北京:中华人民共和国生态环境部,2019.

[8]中华人民共和国生态环境部.2018 年中国环境噪声污染防治报告[R].北京:中华人民共和国生态环境部,2018.

[9]MASTER B I,CHUNANGAD K S,PUSHPANATHAN V. Fouling mitigation using helix-changer heat exchangers[J]. Heat Exchanger Fouling and Cleaning:Fundamentals and Applications,2003:317-322.

[10]周国成.管束流致振动与噪声特性研究[D].哈尔滨:哈尔滨工程大学,2010.

[11]DIZAJI H S,JAFARMADAR S,ASAADI S. Experimental exergy analysis for shell and tube heat exchanger made of corrugated shell and corrugated tube[J]. Experimental Thermal and Fluid Science,2017,81:475-481.

[12]SUN F,CHEN X,FU L,et al. Configuration optimization of an enhanced ejector heat exchanger based on an ejector refrigerator and a plate heat exchanger[J]. Energy,2018,164:408-417.

[13]LIU L,WANG M,CHEN Y. A practical research on capillaries used as a front-end heat exchanger of seawater-source heat pump[J]. Energy,2019,171:170-179.

[14]BIÇER N,ENGIN T,YAŞAR H,et al. Design optimization of a shell-and-tube heat exchanger with novel three-zonal baffle by using CFD and taguchi method[J]. International Journal of Thermal Sciences,2020,155:106417.

[15]ABBASI H R, SHARIFI SEDEH E, POURRAHMANI H, et al. Shape optimization of segmental porous baffles for enhanced thermo – hydraulic performance of shell – and – tube heat exchanger[J]. Applied Thermal Engineering, 2020, 180: 115835.

[16]NAVICKAITĖ K, MOCERINO A, CATTANI L, et al. Enhanced heat transfer in tubes based on vascular heat exchangers in fish: Experimental investigation[J]. International Journal of Heat and Mass Transfer, 2019, 137: 192 – 203.

[17]MUÑOZ – CÁMARA J, SOLANO J P, PÉREZ – GARCÍa J. Experimental correlations for oscillatory – flow friction and heat transfer in circular tubes with tri – orifice baffles [J]. International Journal of Thermal Sciences, 2020, 156: 106480.

[18]ALIMORADI A, OLFATI M, MAGHAREH M. Numerical investigation of heat transfer intensification in shell and helically coiled finned tube heat exchangers and design optimization [J]. Chemical Engineering and Processing: Process Intensification, 2017, 121: 125 –143.

[19]WANG G, WANG D, DENG J, et al. Experimental and numerical study on the heat transfer and flow characteristics in shell side of helically coiled tube heat exchanger based on multi –objective optimization[J]. International Journal of Heat and Mass Transfer, 2019, 137: 349 – 364.

[20]SEGUNDO E H, AMOROSO A L, Mariani V C, et al. Economic optimization design for shell – and – tube heat exchangers by a Tsallis differential evolution[J]. Applied Thermal Engineering, 2017, 111: 143 – 151.

[21]SEGUNDO E H, MARIANI V C, COELHO L S. Design of heat exchangers using Falcon Optimization Algorithm[J]. Applied Thermal Engineering, 2019, 156: 119 – 144.

[22]SEGUNDO E H, MARIANI V C, COELHO L S. Metaheuristic inspired on owls behavior applied to heat exchangers design[J]. Thermal Science and Engineering Progress, 2019, 14: 100431.

[23]RAO R V, SAROJ A. Constrained economic optimization of shell – and – tube heat exchangers using elitist – Jaya algorithm[J]. Energy, 2017, 128: 785 – 800.

[24]ORAVEC J, BAKOŠOVÁ M, TRAFCZYNSKI M, et al. Robust model predictive control and PID control of shell – and – tube heat exchangers[J]. Energy, 2018, 159: 1 – 10.

[25]GORMAN D J. Experimental development of design criteria to limit liquid cross – flow – induced vibration in nuclear reactor heat exchange equipment[J]. Nuclear Science and Engineering, 1976, 61(3): 324 – 336.

[26]PETTIGREW M J, TAYLOR C E. Vibration analysis of shell – and – tube heat exchangers:

An overview – Part 1：Flow, damping, fluidelastic instability[J]. Journal of Fluids and Structures，2003，18(5)：469 – 483.

[27]PETTIGREW M J，TAYLOR C E. Vibration analysis of shell – and – tube heat exchangers：An overview – Part 2：Vibration response, fretting – wear, guidelines[J]. Journal of Fluids and Structures，2003，18(5)：485 – 500.

[28]聂清德，张明贤，侯曾炎，等．换热器中的噪声与防止[J].压力容器，1993，10(6)：30 – 34.

[29]HALLE H，CHENOWETH J M，WAMBSGANSS M W. Flow – induced vibration in shell –and – tube heat exchangers with double – segmental baffles[J]. Heat Transfer, Proceedings of the International Heat Transfer Conference，1986，6：2763 – 2768.

[30]YAKUT K，SAHIN B. Flow – induced vibration analysis of conical rings used for heat transfer enhancement in heat exchangers[J]. Applied Energy，2004，78(3)：273 – 288.

[31]KHUSHNOOD S，NIZAM L A. Experimental study on cross – flow induced vibrations in heat exchanger tube bundle[J]. China Ocean Engineering，2017，31(1)：91 – 97.

[32]YU C，CHENG T，CHEN J，et al. Investigation on thermal – hydraulic performance of parallel – flow shell and tube heat exchanger with a new type of anti – vibration baffle and wire coil using RSM method[J]. International Journal of Thermal Sciences，2019，138：351 –366.

[33]YUE Q B，LIU G R，LIU J B，et al. Modelling techniques for fluid – solid coupling dynamics of bundle tubes vibrating and colliding in fluids[J]. International Journal of Computational Fluid Dynamics，2018，32(1)：35 – 48.

[34]黄政．管壳式冷凝器振动与噪声特性研究[D]. 哈尔滨：哈尔滨工程大学，2008.

[35]FITZPATRICK J A. The prediction of flow – induced noise in heat exchanger tube arrays [J]. Journal of Sound and Vibration，1985，99(3)：425 – 435.

[36]FIORENTIN T A，MIKOWSKI A，SILVA O M，et al. Noise and vibration analysis of a heat exchanger：A case study[J]. International Journal of Acoustics and Vibrations，2017，22(2)：270 – 275.

[37]PUTNAM A A. Flow – induced noise in heat exchangers[J]. Journal of Engineering for Power，1959，81(4)：417 – 420.

[38]JI J，GE P，BI W. Numerical analysis on shell – side flow – induced vibration and heat transfer characteristics of elastic tube bundle in heat exchanger[J]. Applied Thermal Engineering，2016，107：544 – 551.

[39]HASSAN Y A，BARSAMIAN H R. Tube bundle flows with the large Eddy simulation

technique in curvilinear coordinates[J]. International Journal of Heat and Mass Transfer, 2004, 47(1413 – 1416): 3057 – 3071.

[40]GUSTAFSSON O, HAGLUND STIGNOR C, DALENBÄCK J O. Heat exchanger design aspects related to noise in heat pump applications[J]. Applied Thermal Engineering, 2016, 93: 742 – 749.

[41]GUSTAFSSON O, HELLGREN H, HAGLUND STIGNOR C, et al. Flat tube heat exchangers – Direct and indirect noise levels in heat pump applications[J]. Applied Thermal Engineering, 2014, 66(1/2): 104 – 112.

[42]连华英. 管壳式换热器的噪声振动[J]. 石油化工设备技术, 1982(04): 53 – 58.

[43]CHENOWETH J M, TABOREK J. Flow – induced tube vibration data banks for shell – and –tube heat exchangers[J]. Heat Transfer Engineering, 1980, 2(2): 28 – 38.

[44]BLEVINS R D, BRESSLER M M. Acoustic resonance in heat exchanger tube bundles – art I: Physical nature of the phenomenon[J]. Journal of Pressure Vessel Technology, Transactions of the ASME, 1987, 109(3): 275 – 281.

[45]BLEVINS R D, BRESSLER M M. Acoustic resonance in heat exchanger tube bundles – art II: Prediction and suppression of resonance[J]. Journal of Pressure Vessel Technology, Transactions of the ASME, 1987, 109(3): 282 – 288.

[46]孔伟涛. 船用冷凝器管束流致振动实验研究[D]. 哈尔滨: 哈尔滨工程大学, 2015.

[47]ABDELKADER B A, JAMIL M A, ZUBAIR S M. Thermal – hydraulic characteristics of helical baffle shell – and – tube heat exchangers[J]. Heat Transfer Engineering, 2020, 13: 1143 – 1155.

[48]STEHLíK P, NěMčANSKÝ J, KRAL D, et al. Comparison of correction factors for shell – and – tube heat exchangers with segmental or helical baffles[J]. Heat Transfer Engineering, 1994, 15(1): 55 – 65.

[49]WANG Q, CHEN G, CHEN Q, et al. Review of improvements on shell – and – tube heat exchangers with helical baffles[J]. Heat Transfer Engineering, 2010, 31(10): 836 – 853.

[50]YANG J F, ZENG M, WANG Q W. Effects of sealing strips on shell – side flow and heat transfer performance of a heat exchanger with helical baffles[J]. Applied Thermal Engineering, 2014, 64(1/2): 117 – 128.

[51]MAAKOUL A, LAKNIZI A, SAADEDDINE S, et al. Numerical comparison of shell – side performance for shell and tube heat exchangers with trefoil – hole, helical and segmental baffles [J]. Applied Thermal Engineering, 2016, 109: 175 – 185.

[52]GAO B, BI Q, NIE Z, et al. Experimental study of effects of baffle helix angle on shell –

side performance of shell – and – tube heat exchangers with discontinuous helical baffles [J]. Experimental Thermal and Fluid Science, 2015, 68: 48 – 57.

[53]TAHER F N, MOVASSAG S Z, RAZMI K, et al. Baffle space impact on the performance of helical baffle shell and tube heat exchangers[J]. Applied Thermal Engineering, 2012, 44: 143 –149.

[54]GU H, CHEN Y, WU J, et al. Performance investigation on the novel anti – leakage and easy – to – manufacture trisection helical baffle electric heaters[J]. International Journal of Heat and Mass Transfer, 2021, 172: 121142.

[55]ZHANG J F, LI B, HUANG W J, et al. Experimental performance comparison of shell – side heat transfer for shell – and – tube heat exchangers with middle – overlapped helical baffles and segmental baffles[J]. Chemical Engineering Science, 2009, 64(8): 1643 – 1653.

[56]沈锋. 螺旋折流板换热器壳程流动特性及其对传热与振动的影响[D]. 青岛：青岛科技大学, 2016.

[57]GUO Z Y, LI D Y, WANG B X. A novel concept for convective heat transfer enhancement [J]. International Journal of Heat and Mass Transfer, 1998, 41(14): 2221 – 2225.

[58]GUO Z Y, TAO W Q, SHAH R K. The field synergy (coordination)principle and its applications in enhancing single phase convective heat transfer[J]. International Journal of Heat and Mass Transfer, 2005, 48(9): 1797 – 1807.

[59]TAO W Q, GUO Z Y, WANG B X. Field synergy principle for enhancing convective heat transfer – Its extension and numerical verifications[J]. International Journal of Heat and Mass Transfer, 2002, 45(18): 3849 – 3856.

[60]TAO W Q, HE Y L, WANG Q W, et al. A unified analysis on enhancing single phase convective heat transfer with field synergy principle[J]. International Journal of Heat and Mass Transfer, 2002, 45(24): 4871 – 4879.

[61]CAI R, GOU C. Discussion on the convective heat transfer and field synergy principle [J]. International Journal of Heat and Mass Transfer, 2007, 50(25/26): 5168 – 5176.

[62]何雅玲,雷勇刚,田丽亭,等. 高效低阻强化换热技术的三场协同性探讨[J]. 工程热物理学报, 2009(11): 1904 – 1906.

[63]GUO J, XU M, CHENG L. Numerical investigations of curved square channel from the viewpoint of field synergy principle[J]. International Journal of Heat and Mass Transfer, 2011, 54(17/18): 4148 – 4151.

[64]ZHAO T S, SONG Y J. Forced convection in a porous medium heated by a permeable wall perpendicular to flow direction: analyses and measurements [J]. International Journal of

Heat & Mass Transfer，2001，44(5)：1031 - 1037.

[65]LIU W，LIU Z C，MA L. Application of a multi - field synergy principle in the performance evaluation of convective heat transfer enhancement in a tube[J]. Chinese Science Bulletin，2012，57(13)：1600 - 1607.

[66]GUO J，XU M，CHENG L. The application of field synergy number in shell - and - tube heat exchanger optimization design[J]. Applied Energy，2009，86(10)：2079 - 2087.

[67]MEHRA B，SIMO TALA J V，HABCHI C，et al. Local field synergy analysis of conjugate heat transfer for different plane fin configurations[J]. Applied Thermal Engineering，2018，130：1105 - 1120.

[68]HAMID M O，ZHANG B，YANG L. Application of field synergy principle for optimization fluid flow and convective heat transfer in a tube bundle of a pre - heater[J]. Energy，2014，76：241 - 253.

[69]E JQ，ZHAO X，LIU H，et al. Field synergy analysis for enhancing heat transfer capability of a novel narrow - tube closed oscillating heat pipe[J]. Applied Energy，2016，175：218 -228.

[70]YANG L，REN J，SONG Y，et al. Free convection of a gas induced by a magnetic quadrupole field[J]. Journal of Magnetism and Magnetic Materials，2003，261(3)：377 - 384.

[71]YANG L，REN J，SONG Y. Field coordination of air convection heat transfer in rectangular channel with magnetic field[J]. Journal of Enhanced Heat Transfer，2004，11(4)：331 -340.

[72]ZONOUZI S A，KHODABANDEH R，SAFARZADEH H，et al. Experimental investigation of the flow and heat transfer of magnetic nanofluid in a vertical tube in the presence of magnetic quadrupole field[J]. Experimental Thermal and Fluid Ence，2018，91：155 - 165.

[73]王群. 电场强化换热管对流传热场协同分析[D]. 吉林：东北电力大学，2020.

[74]郭平生，华贲，韦绍波. 温度场与电场在奇异热电效应中的协同[J]. 华南理工大学学报，2002，30(4)：7 - 10.

[75]JIAN R，YANG W，XIE P，et al. Enhancing a multi - field - synergy process for polymer composite plasticization：A novel design concept for screw to facilitate phase - to - phase thermal and molecular mobility[J]. Applied Thermal Engineering，2020，164：114448.

[76]VINNICHENKO N A，PUSHTAEV A V，PLAKSINA Y Y，et al. Natural convection flows due to evaporation of heavier - than - air fluids：Flow direction and validity of using similarity of temperature and vapor density fields[J]. Experimental Thermal and Fluid Science，2019，106：1 - 10.

[77]JIAQIANG E，ZHAO X，XIE L，et al. Performance enhancement of microwave assisted regeneration in a wall – flow diesel particulate filter based on field synergy theory[J]. Energy，2019，169：719 – 729.

[78]MINEA A A，MANCA O. Field – synergy and figure – of – merit analysis of two oxide – water – based nanofluids' flow in heated tubes[J]. Heat Transfer Engineering，2017，38(10)：909 –918.

[79]WANG Z C，JIANG P X，XU R N. Turbulent convection heat transfer analysis of supercritical pressure CO_2 flow in a vertical tube based on the field synergy principle[J]. Heat Transfer Engineering，2019，40(5/6)：476 – 486.

[80]陶贤湖，杨伯伦，华贲. 反应精馏过程中的场协同分析[J]. 高校化学工程学报，2003，17(4)：389 – 394.

[81]CHEN Q，REN J，GUO Z. Field synergy analysis and optimization of decontamination ventilation designs[J]. International Journal of Heat and Mass Transfer，2008，51(3/4)：873 – 881.

[82]吴良柏，李震，宋耀祖. 热质传递过程的场协同原理[J]. 科学通报，2009，54(14)：2045 – 2050.

[83]YU Y S，LI Y，LU H F，et al. Multi – field synergy study of CO_2 capture process by chemical absorption[J]. Chemical Engineering Science，2010，65(10)：3279 – 3292.

[84]YU Y S，LI Y，LU H F，et al. Performance improvement for chemical absorption of CO_2 by global field synergy optimization[J]. International Journal of Greenhouse Gas Control，2011，5(4)：649 – 658.

[85]HE Y L，WU M，TAO W Q，et al. Improvement of the thermal performance of pulse tube refrigerator by using a general principle for enhancing energy transport and conversion processes[J]. Applied Thermal Engineering，2004，24(1)：79 – 93.

[86]吉洪湖. 离心力场作用下三维流动和传热的场协同理论探讨[J]. 工程热物理学报，2003，24(3)：459 – 462.

[87]傅耀，王彤，谷传纲. 圆管内对流换热的场协同理论分析[J]. 中国电机工程学报，2008，28(17)：70 – 75.

[88]ZHANG J，TONG L，WANG L. Field synergy characteristics in condensation heat transfer with non – condensable gas over a horizontal tube[J]. AIP Advances，2017，7(5)：55101.

[89]LI M J，ZHOU W J，ZHANG J F，et al. Heat transfer and pressure performance of a plain fin with radiantly arranged winglets around each tube in fin – and – tube heat transfer surface [J]. International Journal of Heat and Mass Transfer，2014，70：734 – 744.

[90]KRÖMER F J, MOREAU S, BECKER S. Experimental investigation of the interplay between the sound field and the flow field in skewed low – pressure axial fans[J]. Journal of Sound and Vibration, 2019, 442: 220 – 236.

[91]DAVIS J A, STRAHLE W C. Acoustic vortical interaction in a complex turbulent flow [J]. Journal of Sound and Vibration, 1990, 136: 121 – 139.

[92]QU X, QIU H. Thermal bubble dynamics under the effects of an acoustic field[J]. Heat Transfer Engineering, 2011, 32(7/8): 636 – 647.

[93]ZHOU D W, LIU D Y. Heat transfer characteristics of nanofluids in an acoustic cavitation field[J]. Heat Transfer Engineering, 2004, 25(6): 54 – 61.

[94]RULIK S, WRÓBLEWSKI W, NOWAK G, et al. Heat transfer intensification using acoustic waves in a cavity[J]. Energy, 2015, 87: 21 – 30.

[95]PAN H, BI Q, LIU Z, et al. Experimental investigation on thermo – acoustic instability and heat transfer of supercritical endothermic hydrocarbon fuel in a mini tube [J]. Experimental Thermal and Fluid Science, 2018, 97: 109 – 118.

[96]CAO Y P, LIN Y S, KE H B, et al. Investigation on the flow noise propagation mechanism in pipelines of shell – and – tube heat exchangers based on synergy principle of flow and sound field[J]. Applied Thermal Engineering Journal, 2017, 122: 339 – 349.

[97]CAO Y P, KE H B, KLEMEŠ J J, et al. Comparison of aerodynamic noise and heat transfer for shell – and – tube heat exchangers with continuous helical and segmental baffles [J]. Applied Thermal Engineering, 2021, 185: 116341.

[98]JENVEY P L. The sound power from turbulence: A theory of the exchange of energy between the acoustic and non – acoustic fields[J]. Journal of Sound and Vibration, 1989, 131 (1): 37 – 66.

[99]ROES M G, DUARTE J L, HENDRIX M A, et al. Acoustic energy transfer: A review [J]. IEEE Transactions on Industrial Electronics, 2013, 60(1): 242 – 248.

[100]TASNIM SH, MAHMUD S, FRASER R A. Modeling and analysis of flow, thermal, and energy fields within stacks of thermoacoustic engines filled with porous media[J]. Heat Transfer Engineering, 2013, 34(1): 84 – 97.

[101]ELDREDGE J D, DOWLING A P. The absorption of axial acoustic waves by a perforated liner with bias flow[J]. Journal of Fluid Mechanics, 2003, 485: 307 – 335.

[102]AKHAVANBAZAZ M, SIDDIQUI M H, BHAT R B. The impact of gas blockage on the performance of a thermoacoustic refrigerator[J]. Experimental Thermal and Fluid Science, 2007, 32(1): 231 – 239.

[103]DOKUMACI E. On the effect of viscosity and thermal conductivity on sound power trans-mitted in uniform circular ducts［J］. Journal of Sound and Vibration，2016，363：560－570.

[104]ZHANG Z, ZHAO D, LI S H, et al. Transient energy growth of acoustic disturbances in triggering self－sustained thermoacoustic oscillations[J]. Energy，2015，82：370－381.

[105]DROUBI M G, REUBEN R L, STEEL J I. Flow noise identification using acoustic emis-sion（AE）energy decomposition for sand monitoring in flow pipeline[J]. Applied Acous-tics，2018，131：5－15.

[106]LI B, LAVIAGE A J, YOU J H, et al. Harvesting low－frequency acoustic energy using quarter－wavelength straight－tube acoustic resonator[J]. Applied Acoustics，2013，74(11)：1271－1278.

[107]ZHOU Z, QIN W, ZHU P. Harvesting acoustic energy by coherence resonance of a bi-stable piezoelectric harvester[J]. Energy，2017，126：527－534.

[108]KIM J D, HONG S Y, KWON H W, et al. Energy flow model considering near field en-ergy for predictions of acoustic energy in low damping medium[J]. Journal of Sound and Vi-bration，2011，330(2)：271－286.

[109]季振林. 消声器声学理论与设计[M]. 北京：科学出版社，2015.

[110]杜功焕，朱哲民，龚秀芬. 声学基础[M]. 3 版. 南京：南京大学出版社，2012.

[111]SELAMET A, RADAVICH P M. The effect of length on the acoustic attenuation per-formance of concentric expansion chambers：An analytical，computational and experimen-tal investigation[J]. Journal of Sound and Vibration，1997，201(4)：407－426.

[112]SELAMET A, RADAVICH P M. Acoustic attenuation performance of circular expansion chambers with extended inlet/outlet[J]. Journal of Sound and Vibration，1999，223(2)：197－212.

[113]BILAWCHUK S, FYFE K R. Comparison and implementation of the various numerical methods used for calculating transmission loss in silencer systems[J]. Applied Acoustics，2003，64(9)：903－916.

[114]SELAMET A, DENIA F D, BESA A J. Acoustic behavior of circular dual－chamber muf-flers［J］. Journal of Sound and Vibration，2003，265(5)：967－985.

[115]DENIA F D, SELAMET A, FUENMAYOR F J, et al. Acoustic attenuation performance of perforated dissipative mufflers with empty inlet/outlet extensions[J]. Journal of Sound and Vibration，2007，302(4/5)：1000－1017.

[116]SAHASRABUDHE A D, RAMU S A, MUNJAL M L. Matrix condensation and transfer

matrix techniques in the 3 – D analysis of expansion chamber mufflers[J]. Journal of Sound and Vibration, 1991, 147(3): 371 – 394.

[117]MIDDELBERG J M, BARBER T J. Computational fluid dynamics analysis of the acoustic performance of various simple expansion chamber mufflers [J]. Acoustics, 2004: 123 –127.

[118]MIDDELBERG J M, BARBER T J, LEONG S S, et al. CFD analysis of the acoustic and mean flow performance of simple expansion chamber mufflers[J]. American Society of Mechanical Engineers, 2014, 47152: 151 – 156.

[119]SINGH N K, RUBINI P A. Large eddy simulation of acoustic pulse propagation and turbulent flow interaction in expansion mufflers[J]. Applied Acoustics, 2015, 98: 6 – 19.

[120]MISHRA P C, KAR S K, MISHRA H, et al. Modeling for combined effect of muffler geometry modification and blended fuel use on exhaust performance of a four stroke engine: A computational fluid dynamics approach[J]. Applied Thermal Engineering, 2016, 108: 1105 – 1118.

[121]HU T F, MCLAUGHLINS D K. Flow and number acoustic properties of low supersonic jets [J]. Journal of Sound and Vibration, 1990, 141: 485 – 505.

[122]YASUDA T, WU C, NAKAGAWA N, et al. Predictions and experimental studies of the tail pipe noise of an automotive muffler using a one dimensional CFD model[J]. Applied Acoustics, 2010, 71(8): 701 – 707.

[123]BILAWCHUK S, FYFE K R. Comparison and implementation of the various numerical methods used for calculating transmission loss in silencer systems[J]. Applied Acoustics, 2003, 64(9): 903 – 916.

[124]LEE I, JEON K, PARK J. The effect of leakage on the acoustic performance of reactive silencers[J]. Applied Acoustics, 2013, 74(4): 479 – 484.

[125]JIANG G, LIU Y, KONG Q, et al. The sound transmission through tube arrays in power boilers based on phononic crystals theory[J]. Applied Thermal Engineering, 2016, 99: 1133 – 1140.

[126]NORTON M P, PRUITI A. Universal prediction schemes for estimating flow – induced industrial pipeline noise and vibration[J]. Applied Acoustics, 1991, 33(4): 313 – 336.

[127]BROATCH A, RUIZ S, ROIG F. On the influence of inlet elbow radius on recirculating back flow, whoosh noise and efficiency in turbocharger compressors[J]. Experimental Thermal and Fluid Science, 2018, 96: 224 – 233.

[128] TORREGROSA A J, BROATCH A, BERMU V, et al. Experimental assessment of

emission models used for IC engine exhaust noise prediction[J]. Experimental Thermal and Fluid Science, 2005, 30: 97 - 107.

[129]XIANG L, ZUO S, WU X, et al. Study of multi - chamber micro - perforated muffler with adjustable transmission loss[J]. Applied Acoustics, 2017, 122: 35 - 40.

[130]LU C, CHEN W, LIU Z, et al. Pilot study on compact wideband micro - perforated muffler with a serial - parallel coupling mode[J]. Applied Acoustics, 2019, 148: 141 - 150.

[131]OH S, WANG S, CHO S. Topology optimization of a suction muffler in a fluid machine to maximize energy efficiency and minimize broadband noise[J]. Journal of Sound and Vibration, 2016, 366: 27 - 43.

[132]LIGHTHILL M J. On sound generated aerodynamically Ⅰ. General theory[J]. Proceedings of the Royal Society of London. Series A. Mathematical and Physical Sciences, 1952, 211 (1107): 564 - 587.

[133]CURLE N. The influence of solid boundaries upon aerodynamic sound[J]. Proceedings of the Royal Society of London. Series A. Mathematical and Physical Sciences, 1955, 231 (1187): 505 - 514.

[134]WILLIAMS J E, HAWKINGS D L. Sound generation by turbulence and surfaces in arbitrary motion[J]. Philosophical Transactions of the Royal Society of London. Serie A, Mathematical and Physical Sciences, 1969, 264(1151): 321 - 342.

[135]REVELL J D, PRYDZ R A, HAYS A P. Experimental study of aerodynamic noise vs drag relationships for circular cylinders[J]. AIAA Journal, 1978, 16(9): 889 - 897.

[136]KING W F, PFIZENMAIER E. An experimental study of sound generated by flows around cylinders of different cross - section[J]. Journal of Sound and Vibration, 2009, 328 (3): 318 - 337.

[137]IGLESIAS E L, THOMPSON D J, SMITH M G. Experimental study of the aerodynamic noise radiated by cylinders with different cross - sections and yaw angles[J]. Journal of Sound and Vibration, 2016, 361: 108 - 129.

[138]HARAMOTO Y. Analysis of aerodynamic noise generated from inclined circular cylinder [J]. Journal of Thermal Science, 2000, 9(2): 1 - 6.

[139]SHAHIN I, ALQARADAWI M, GADALA M, et al. On the aero acoustic and internal flows structure in a centrifugal compressor with hub side cavity operating at off design condition [J]. Aerospace Science and Technology, 2017, 60: 68 - 83.

[140]SHAABAN M, MOHANY A. Characteristics of acoustic resonance excitation by flow around inline cylinders[J]. Journal of Pressure Vessel Technology, Transactions of the

ASME，2019，141(5)：1-9.

[141]RUMPFKEIL M P，ROBERTSON D K，VISBAL M R. Comparison of aerodynamic noise propagation techniques[C]//52nd Aerospace Sciences Meeting. National Harbor，Maryland：American Institute of Aeronautics and Astronautics，2014：1-13.

[142]HUANG X，MODEL T. On the simulation of aerodynamic noise with different turbulence models[C]//Ⅶ European Congress on Computational Methods in Applied Sciences and Engineering. Crete Island，Greece：ECCOMAS Congress，2016：7599-7608.

[143]LEE S J，HASSAN Y A. Numerical investigation of helical coil tube bundle in turbulent cross flow using large eddy simulation[J]. International Journal of Heat and Fluid Flow，2020，82：108529.

[144]孟堃宇. 基于大涡模拟的潜艇脉动压力与流噪声性能数值计算[D]. 上海：上海交通大学，2011.

[145]张三霞. 风力机尾迹流动特性以及噪声和振动特性的研究[D]. 杭州：浙江大学，2018.

[146]GHASEMIAN M，NEJAT A. Aero-acoustics prediction of a vertical axis wind turbine using Large Eddy Simulation and acoustic analogy[J]. Energy，2015，88：711-717.

[147]孟令雅，刘翠伟，李玉星，等. 输气管道气动噪声产生机制及其分析方法[J]. 中国石油大学学报(自然科学版)，2012，36(6)：128-136.

[148]ALZIADEH M，MOHANY A. Passive noise control technique for suppressing acoustic resonance excitation of spirally finned cylinders in cross-flow[J]. Experimental Thermal and Fluid Science，2019，102：38-51.

[149]CRIGHTON D G. Basic principles of aerodynamic noise generation[J]. Progress in Aerospace Sciences，1975，16(1)：31-96.

[150]PERSICO G，GAETANI P，SPINELLI A. Assessment of synthetic entropy waves for indirect combustion noise experiments in gas turbines[J]. Experimental Thermal and Fluid Science，2017，88：376-388.

[151]陈荣钱. 基于声波传播方程的计算气动声学混合方法研究[D]. 南京：南京航空航天大学，2012.

[152]李晓东，江旻，高军辉，等. 计算气动声学进展与展望[J]. 中国科学：物理学·力学·天文学，2014，44(3)：234-248.

[153]王曼. 水声吸声覆盖层理论与实验研究[D]. 哈尔滨：哈尔滨工程大学，2004.

[154]李鹏. 声学覆盖层声学特性与舰船结构降噪效果预报方法研究[D]. 哈尔滨：哈尔滨工程大学，2010.

[155]MUNJAL M L. Acoustics of ducts and mufflers[M]. New York：Wiley Publishing，1987.

［156］Siemens Inc. LMS Virtual. Lab 11 user manual［M］. Munich：Siemens Inc，2012.

［157］陶文铨. 数值传热学［M］. 2 版. 西安：西安交通大学出版社，2001.

［158］BRODKEY R E，HERSHEY H C. Transport phenomena：A unified approach［M］. Columbus：Brodkey Publishing，2003.

［159］KLINE S J，MCCLINTOCK F A. Describing uncertainties in single – sample experiments ［J］. Mechanical Engineering，1953，75：3 – 8.

［160］ANSYS INC. ANSYS FLUENT 14. 5 user guide［M］. Canonsburg：ANSYS Inc，2012.

［161］杨建锋. 连续组合螺旋折流板管壳式换热器壳侧传热特性及其最大流速比设计方法研究 ［D］. 西安：西安交通大学，2015.

［162］ANSYS INC. ANSYS ICEM CFD 14. 5 user manual［M］. Canonsburg：ANSYS Inc，2013.